可再生能源浪潮

技术、储能与商业化未来

〔以〕奥弗·亚奈(Ofer Yannay) 著

陈锐珊 译

U0383895

中国友谊出版公司

图书在版编目（CIP）数据

可再生能源浪潮：技术、储能与商业化未来 / (以)
奥弗·亚奈著；陈锐珊译. -- 北京：中国友谊出版公
司，2025.4. -- ISBN 978-7-5057-6052-3

Ⅰ. TK01

中国国家版本馆 CIP 数据核字第 2024711PA1 号

著作权合同登记号　图字：01-2025-0408

NEW UNDER THE SUN: RENEWABLE SOLAR POWER AND THE END TO
HUMANITY'S ENERGY CRISIS by OFER YANNAY
Copyright ©2023 BY OFFER YANNAY
First Published by SELLA MEIR PUBLISHING
This edition arranged with Valcal Software Ltd (brand name eBookPro)
through BIG APPLE AGENCY, LABUAN, MALAYSIA.
Simplified Chinese edition copyright:
2025 Hangzhou Blue Lion Cultural & Creative Co., Ltd.
All rights reserved.

书名	可再生能源浪潮：技术、储能与商业化未来
作者	[以]奥弗·亚奈
译者	陈锐珊
出版	中国友谊出版公司
策划	杭州蓝狮子文化创意股份有限公司
发行	杭州飞阅图书有限公司
经销	新华书店
制版	杭州真凯文化艺术有限公司
印刷	杭州钱江彩色印务有限公司
规格	880毫米×1230毫米　32开
	9.375印张　170千字
版次	2025年4月第1版
印次	2025年4月第1次印刷
书号	ISBN 978-7-5057-6052-3
定价	68.00元
地址	北京市朝阳区西坝河南里17号楼
邮编	100028
电话	（010）64678009

目录

推荐序
光与未来：向阳之路，创新共生

在时代的进程中，总有一些历史性时刻，人类需要直面前所未有的挑战，并通过突破性的创新重塑未来。本书以深刻的洞察与清晰的视角，为我们描绘了以太阳能为核心的各类新能源发展史和能源未来蓝图。作为一名长期深耕可再生能源行业的从业者，我深知可再生能源革命的重要性，也见证了其发展历程中无数次的挑战与机遇。

奥弗·亚奈先生通过犀利的分析和翔实的数据，揭示了全球能源体系的局限性，并展示了太阳能如何凭借技术突破与经济创新，为可持续发展提供切实可行的路径。太阳能不仅是自然的恩赐，更是人类文明在不断探索与创新中产生的成果。通过技术革新，我们赋予了这一资源新的意义，使其成为经济增长与生态保护的桥梁。

10余年前，我们面对的是太阳能高成本、低效率的技术瓶颈。但凭借技术的持续迭代与对市场的精准把握，我们从光伏技术升级到储能革命，分布式能源从兴起到规模化应用，每一步都在塑造更加清洁、低碳、安全、高效的未来能源格局。这不仅是一场技术革命，更是一场系统性变革，推动全球能源行业向绿色转型。

回顾过去10多年的发展，可再生能源的成功不仅依赖技术进步，更需要政策支持、商业模式创新及公众观念的转变。正如奥弗先生所指出的，能源转型的核心不仅是技术选择，更是全社会的共识与行动。

诺法尔能源始终在探索如何实现那些看似不可能的目标，如何突破预期和常规的界限。这种思维方式在充满活力、不断变革的可再生能源行业尤为重要。每次与奥弗先生交流，我都能感受到他对行业的热爱。他以企业家的敏锐与远见，推动国家行业变革，带领诺法尔能源展开了一系列具有开创性意义的项目，包括以色列首个大型高效的基布兹屋顶光伏系统，首个水库漂浮光伏项目，首个储能光伏系统。这些项目不仅体现了技术的力量，更彰显了"Why not?"（为什么不？）这一敢于创新、突破传统的精神。这一精神贯穿于他的商业模式设计和社会责任实践。

作为全球领先的太阳能科技公司，隆基绿能科技股份有限公司（简称"隆基绿能"）始终致力于推动全球能源转型，坚信创新是打破约束条件的关键力量，也是推动行业发展的第一动力，更是隆基绿能的灵魂和行业使命。这是隆基绿能一直秉持的"第一性原理"。同时，围绕客户需求，以可持续发展的理念，走差异化的发展之路，隆基绿能才得以不断突破行业边界，为能源转型持续开辟的新可能性。

今天，全球能源行业正处于转型的关键时期，全球能源转型的道路也依然充满挑战，持续性发电、土地资源占用、成本控制、主产业链供需失衡等问题仍亟需解决。未来，全球去碳化的趋势不会改变，历史也一再明示，持续的创新与变革不仅是企业突破行业瓶颈的手段，更是实现可持续发展的必由之路。

"光是能量的本源，亦是文明的希望"。诺法尔能源与隆基绿能有幸共同见证并参与这一伟大的能源转型。我们有责任，也有能力通过对太阳能等可再生能源的开发与应用，为子孙后代构建更加清洁、可持续的未来。

再次感谢奥弗先生赠我此书。谨以此序言，向所有致力于能源转型的实践者和推动者致敬，也希望更多人参与这场关乎未来的伟大事业。

李振国

隆基绿能科技股份有限公司创始人、总裁

自　序^①

　　2021年，由我创立的以色列诺法尔能源公司（Nofar Energy）成功上市。这不仅是我在太阳能领域10年耕耘的里程碑，也象征着以色列在能源改革道路上的跃进。10年间，我们从一个几乎没有太阳能系统的时代起步，见证了一场彻底改变能源格局的革命高潮。

　　一年后，当我执笔撰写本书时，俄乌冲突爆发，严重依赖俄罗斯天然气的欧洲国家顿时陷入了严峻的能源危机。燃料价格飞速蹿升，电费节节攀高。2023年冬天，欧洲再次陷入了多年未曾经历过的能源困境。每一场能源危机都在迫使

　　1　本书初版由作者以希伯来语创作。

我们反省当前的能源选择，本书正是源于这样的反思：我们必须尽全力摆脱对传统化石燃料的依赖，去创造一个更加清洁的、可持续的未来。

＊ ＊ ＊

在《创世记》中，神最先创造了光。在我们世界的所有组成部分中，光为何成为第一缕诞生的力量？在《圣经》成书几千年后，现代科学为我们提供了一个可能的答案：光是能量的一种形式。爱因斯坦的相对论推导出著名的质能方程 $E=mc^2$，揭示了质量和能量之间的等价关系，换言之，宇宙万物从根本上说都是能量的表现形式。因此，神最先创造光，实际上是最先创造能量。能量是万物生长的根基，推动着整个世界的形成。能量是人类和宇宙生存的基石，世界从能量的诞生开始，这绝非偶然。

在过去10年里，我一直致力于探索太阳能技术的实际应用。这项技术或许是最神奇的科技创新：它可以将阳光转化为多种用途的电能，进一步拓展太阳为人类提供光和热的自然价值。时至今日，可再生能源技术已经从理论阶段发展到实际应用阶段，并且取得了显著的进展。年少时，每每听闻那些翻天覆地的历史变革事件，我总是因为自己未能参与这些风雷激荡的瞬间而心生遗憾。如今，我们同样有机会参与一场具有历史意义的伟大变革——可再生能源革命。

顾名思义，可再生能源是取之不尽、用之不竭的，这意味着我们既能实现长期经济繁荣，又不必担心耗尽地球资源。可再生能源不仅不会造成空气污染，还具备天然的去中心化优势，毕竟，至今没有人能够为太阳或风注册专利。因此，它规避了可能造成经济和地缘政治问题的垄断风险，例如战争导致的能源危机或者历史上的阿拉伯石油禁运。

这些都是我们推崇可再生能源的核心理由。然而，作为一名心系以色列未来发展的商人，我推崇可再生能源的原因还在于它具备低价格、高效益的优势。如今，即便没有政府的支持或补贴，可再生能源也能够在市场上与传统能源相抗衡。即使将储能系统——它对夜晚和阴天供电至关重要——的成本计算在内，可再生能源的经济优势依然显著。

如果我们对各类能源项目收回资本成本之后的情况进行分析，价格差异就会变得更加显著。对于传统发电厂而言，即便开发商已经收回了用于建设项目的初始资本，它仍需持续支付高额的燃料和维护费用；核电站的情况也是如此。相对而言，正如我将在后文详细讨论的，可再生能源项目在收回初始投资后的边际能源成本几乎为零——阳光是免费的自然资源，而且维护成本也很低。

可再生能源的重要性不言自明。一个国家越早将经济结构转向可再生能源，就将越早实现微乎其微的能源成本，从而在国际竞争中获得显著的优势。

请注意，我并没有使用"气候危机"一词。这个警示口号如今被喊得震天响，甚至到了荒诞的地步。然而很遗憾，当前关于气候危机的讨论不仅偏离了真正的核心问题，而且还沦为党派斗争的工具。在这场角力中，一边是环保主义者，他们忧心地球未来和气候变暖问题，视可再生能源为万应灵药，有人甚至主张用放缓经济增长、牺牲人类福祉为代价来保护地球；另一边是保守派人士，他们认为这是一种被夸大或不切实际的恐惧，盲目追逐环保只会招致危险，他们担心，有关气候危机的警告只不过是自由市场的敌人用来阻挠发展的另一种手段。

问题在于，讨论气候危机问题的人要么含糊其词，要么空话连篇，既不触及要害，也不敢直言核心。环境部部长乘坐带来严重污染的飞机远赴国际会议，在媒体镜头前侃侃而谈，宣扬转向可再生能源的重要性，但实际行动却乏善可陈，无法真正消除这一领域发展的障碍。

尤其是，气候问题的讨论经常会引起保守派人士的本能抵触情绪，导致他们对可再生能源的效益视而不见，因此错失了可再生能源可能为以色列乃至全球经济发展带来的巨大机遇。

　　我希望将这两个问题分开看待。转向可再生能源的重要性，无关个人对气候危机的看法。不管是环保主义者、保守派人士，还是在某些方面同时认同这两种立场的人，本书的论证将会证明，以色列迅速迈向以可再生能源为支柱的经济，在未来将是明智的方向。

＊　＊　＊

　　10多年前我刚进入这一领域时，可再生能源已经以其清洁性能和去中心化优势展现出巨大潜力，但当时，它的经济性仍然存在显著不足，而且开发与应用均面临许多挑战。首先，太阳能项目建设占用的大面积土地、配套的专用电网需求及能源可用性，都是制约其发展的关键因素。更为棘手的是，当时尚未开发出有效的太阳能储存技术。但这一形势在10多年后发生了显著变化。太阳能电池板的价格大幅下降，在屋顶和水库上方安装太阳能电池板的双重用途创新方案，解决了土地占用问题；同时，储能技术也取得了突破性进展，为可再生能源与传统能源的竞争奠定了基础。

　　2011年，以色列诺法尔能源公司成立，我很荣幸能够带领公司参与这场能源革命并推动它向前发展。诺法尔能源公司在以色列太阳能市场的建设过程中发挥了关键作用，尤其是在双重用途解决方案和储能技术领域的创新。2021年，诺法尔能源公司成功上市，并在全球多个电力市场开展了大规模运营。经过10年的不懈努力并取得卓越成就之后，我们清楚地认识到，这一切只是能源革命的序章。如果说过去10年是能源转型的播种期和耕耘期，那么未来10年将是收获成果的关键阶段。在未来的10年乃至更长的时间里，我们有望实现清洁、低成本且可持续的能源供应，这不仅会对经济和环境产生深远影响，还有望重塑国家间的关系格局。

过去10年，以色列在可再生能源领域取得了显著进展，从几乎零基础发展到如今近10%的电力来自可再生能源。这段历程并非一路坦途，每一步都伴随着重重挑战，甚至几度徘徊在放弃的边缘。但我始终坚信，西西弗斯的工作亦有其伟大之处。这位终日推一块球形巨石上山，又眼看着巨石滚落谷底的传说人物，实际上拥有不凡的坚持与毅力。

那么，要成为以色列可再生能源领域的创业者，应该具备怎样的心态？如何应对种种挑战？我的答案可以用一个积极的反问句来概括。为了更好地阐明这个答案，我需要将时间拨回至2000年。

千禧年年初，我还是耶路撒冷希伯来大学的一名学生，加入了阿米里姆（Amirim）卓越计划，主修物理、数学和计算机科学。这三门学科都是难啃的硬骨头，而复变函数课程尤甚，一如其名字所暗示的。期末考试那天，我与500名同学一起在大礼堂接受检验。当我低头看向试卷的刹那，心中不禁一沉：所有人都将面临一场硬仗。

试卷上有3道题，前两道题目还算中规中矩，但第3道题目却极其复杂，让人无从下手。后来我们才知道，这道题是授课讲师的博士论文课题，而他不知出于何种考虑，竟然觉得把它作为本科生的期末考题是合理的。

随着时间一点一滴地流逝，礼堂内的气氛渐渐凝重，四周不时传来同学的抱怨声。考试时间是有限的，钟表毫不留情地滴答前行。1小时过去了，2小时过去了，4小时过去了，那道难题依旧无解。同学们情绪沮丧，一个接一个地起身离开。偌大的礼堂中最终只剩下我和另外3名学生在坚持作答。在考试结束前的10分钟，我终于攻克了那道难题，交了试卷后走出礼堂。

在吉瓦特拉姆校区的草地上，我的朋友们早已等待多时。见我走出礼堂，他们立刻围了上来。不出所料，他们提出的第一个问题就是："你是怎么解出第3道题的，答案是什么？"我于是向朋友们讲述了自己采用的特殊解题思路。说句题外话，一周后在食堂碰到授课讲师时，我忍不住打趣道："你花了5年时间研究的博士题目，我用了5小时就解出来了。"但话说回来，朋友们提问的第二个问题才最为关键："为什么？"

　　为什么我能坐在礼堂内思考5小时并且相信自己可以解开一个看似无法解答的问题，我凭什么认为自己能够成功？这个问题的答案既成就了当时的我，也塑造了今天的我。我回答说，在那充满挑战的几小时里，当我面对试卷上那道令人头疼的复杂问题时，我找到了另一种动力。这种动力并非来源于"为什么"。其实我并没有纠结于"我凭什么认为自己能够成功"的问题，相反，我在心底里问了一个更大胆、更清晰、更锐利的问题："为什么不？"

　　"为什么不？"——这个反问句始终指引着我的人生，也是诺法尔能源公司过去10多年发展所坚持的核心理念。诺法尔能源公司始终在探索如何实现那些看似不可能的目标，如何突破预期和常规的界限。这种思维方式在各个领域都至关重要，尤其在充满活力、不断变革的能源行业领域，每一次创新都有可能产生深远的影响。

　　我在2011年进入以色列太阳能行业时，以色列国内的项目主要分为两类：一类是规模庞大但进展缓慢的项目，只有在经过漫长而繁复的审批程序之后，才能在地面大规模铺设太阳能电池板；另一类则是进展迅速但规模较小的项目，只能将太阳能电池板安装在私人住宅的屋顶上。

　　那时，我第一次问自己："为什么不？"——为什么我们不能启动一个大型且高效的项目？以色列的官僚审批程序让我遭遇了两次痛苦的失败，我不得不静下心来反思。我打开被奉为以色列电力管理行业圣经的标准手册，从头到尾逐字逐句地仔细研读，突然发现了一个突破口：基布兹①的屋顶可以安装太阳能系统。按照传统电力分销商模式，基布兹对自己的电力分配拥有自主权，能够避开外部监管的麻烦，因为之前的监管限制传统电力分销商在每个基布兹只能安装一个小型系统。于是，我们将多个小型且高效的系统整合在一起，最终构成了一个大型且高效的项目。目前，基布兹已经成为以色列太阳能发电产业的先锋，而这一切都源自那一声反问："为什么不？"

2014—2015年，我们走到另一个关键的十字路口。在展望以色列2020年可再生能源目标时，我们意识到，仅仅依靠在屋顶和地面上安装太阳能电池板，显然无法实现全国10%电力供应来自可再生能源的目标。我们必须寻求新的突破。于是，我们提出了在水库上建设浮动式太阳能发电系统的创新想法。在以色列当时的社会背景下，这个解决方案显得非常荒谬且不可思议。

尽管官僚的审批程序一次次将我们拒之门外，但我们始

---

① 基布兹（kibbutzim）在希伯来语中是"聚集"的意思，是以色列的一种集体社区。以色列政府规定，它是在所有物全体所有制的基础上，将成员组织起来的集体社会，没有私人财产。过去主要从事农业生产，现在也从事工业和高科技产业。——译者注（以下如无特殊说明，均为译者注）

终坚持追问："为什么不？"我们认为，浮动式太阳能系统与屋顶安装系统有异曲同工之妙：水库的表面便犹如水库的屋顶，而以色列当前的屋顶光伏设备安装许可证豁免政策完全适用水库的浮动式太阳能系统。经过不断努力，我们最终成功说服了相关部门。2018年，诺法尔能源公司成为以色列浮动式太阳能系统的先锋与领跑者。今时今日，每当我从空中俯瞰这片土地，看到诺法尔能源公司与其他企业建造的浮动式太阳能系统如繁星般分布在水库上方时，我总是为诺法尔对塑造以色列现代景观的独特贡献而深感自豪。

"为什么不？"这句箴言，为我们带来了无数的机遇，我想在这里最后举一个例子。2020年，我们打算在尼尔伊扎克（Nir Yitzchak）基布兹的屋顶上再安装一处太阳能系统，却被以色列电力公司一口回绝。他们表示，这片社区的电网已经不堪重负，哪怕再增加一个太阳能电池板也不行，因为电网容量已达极限。我问道："电网真的完全饱和了吗？一点余地都没有？"以色列电力公司斩钉截铁地回复："所有配额都已用尽。"我表示理解，并随即问道："所有太阳能发电系统在白天时段全力运转，电网自然满载。但晚上9点之后，电网还会一样饱和吗？"

以色列电力公司的工作人员显然不理解我的意图。我是一名太阳能生产商，没有让太阳在夜晚发光的法术，电网在晚上9点之后是否有空余容量，按理说与我并无关系。但那一瞬间，同样的念头再次浮现在我的脑海："为什么不？为什么不能利用夜间电网的空闲，把基布兹白天储存的电力输送出去？"就这样，我们建成了以色列首个储能设施，白天负责收集过剩的太阳能，夜间再将其输送到电网。储能技术能够实现全天候电力供应，这不仅提升了电网的利用效率，还为太阳能生产商奠定了与传统发电厂竞争的基础。这个小规模的储能设施为更大范围的技术应用提供了模板，促进了以色列电力系统在今天和未来的重大革新。

* * *

本书通过我的视角，讲述了以色列及全球太阳能革命的历程。作为一名在这一领域深耕10余年的从业者，我亲历了从零开始打造一家企业的过程，并最终将其发展为以色列发电设备安装容量最大的可再生能源公司。除了在以色列的业务，诺法尔能源公司在全球范围内（不包括中国）参与和建设的太阳能发电项目占据了全球太阳能发电设施总量的1%左右，项目遍布西班牙、意大利、波兰、罗马尼亚、英国、美国等地。在本书中，我将分享团队在与以色列官僚体系打交道时所遇到的各种挑战和障碍；同时，我还会探讨以色列这个阳光充足的国家所具备的独特机会，以及它在全球可再生能源领域中成为领先者的潜力；展望未来，人类将能够利用低成本的清洁能源来满足电力需求，从而提高整体生活质量。

我们面前的挑战可谓艰巨无比：要使以色列从一个依赖污染型能源的国家蜕变为以清洁能源为动力的国度，让清洁电力如血液般在国家的金属脉络中流动，将由单一生产者垄断的、价格高昂的电力体系，转化为由多个分散的生产者共同供应低成本可再生能源的体系，我们必须应对并克服许多障碍才能实现这一目标。这些障碍如同巍峨的高山横亘在我们面前，诸多现实因素也可能将这一愿景扼杀在摇篮之中。悲观者会嘲讽这一目标不过是痴心妄想——他们会说，以色列的土地资源储备根本不足以支撑这样的转型，可再生能源的经济性和稳定性永远靠不住，我们不可能为整个经济提供足够的电力储备。然而，每当我们与这些挑战正面交锋，几乎山穷水尽之时，不妨再问自己一句："为什么不？"

最后，我想分享一个关于我女儿希拉的故事。希拉6岁的时候，我在我们公寓楼下的游泳池里教她游泳。为了让她克服将头埋入水中的恐惧，我先让她从泳池的浮动泳道分隔线下游过去。我一次又一次地鼓励她尝试，而希拉却总是犹豫害怕、踌躇不前。时间一分一秒地过去，半小时，一小时，一个半小时，我一直在旁边不断鼓励，而小希拉始终不敢行动。终于，在两小时后，她鼓起勇气，将头埋入水中，顺利游过了泳道线。接下来的一刻成为我们家常常挂在嘴边的传奇——希拉转过身来对我说道："爸爸！你怎么不早点告诉我游泳原来这么简单！"

谨以此书献给希拉，献给那些认为书中所述的每一步都困难重重甚至不可能实现的读者。轻舟已过万重山后，回头看，我们也许会惊讶地发现，原来一切竟如此简单。

中文版自序

　　我在2023年清晰地认识到，作为一名商人，我的全球视野在某些方面仍有局限。

　　作为一名在以色列起步的企业家，我将诺法尔能源公司从一家本土企业发展成了一家在全球范围内扩展的上市企业，特别是在新冠疫情危机最严峻的时期。然而，像许多以色列企业家一样，我也面临着一个普遍的挑战：我的目光始终聚焦于地图上方的欧洲经济板块和地图左侧的美国市场。在短短3年内，以色列诺法尔能源公司在美国、英国及其他8个欧洲国家取得了显著的业务进展。然而，我始终无法理性地解释，为什么公司从未将视线投向地图右侧的亚洲经济板块。亚洲各经济体已经相当庞大且成熟，根据国际风险评估标准，它们的运营风险水平甚至低于某些欧洲国家的运营风险。

那么，为什么我们的业务发展始终未能将亚洲作为重点市场呢？我认为，为了更好地理解这些国家的市场和商业环境，我需要亲自前往，进行实地考察。因此，诺法尔能源专门成立了一支团队，花费了6个月时间精心筹备前往日本、韩国和中国的考察之旅。

日本和韩国之行分别给我留下了深刻的印象，但中国之行却彻底改变了我的思维方式。我见到一些非常谦逊且热情好客的大型企业领导人。这并不是偶然的，而是他们的生活方式——他们不仅与员工共同努力工作，而且行事作风始终保持低调。这种集体主义和务实精神让我深感共鸣。

在隆基绿能科技股份有限公司，创始人兼总裁李振国先生带我参观了他们的新工厂。工厂的自动化水平和精密技术让我深感震撼。我曾参加特斯拉位于美国加利福尼亚的超级工厂的开幕式——那无疑是一座引人瞩目的设施，但与之相比，隆基的工厂在自动化和技术层面更胜一筹。

在阳光电源股份有限公司，创始人曹仁贤先生邀请我共进晚餐，我深刻体会到第一次喝茅台可真不是一件轻松的事。第二天，我参观了公司的储能设施、逆变器和氢能系统，所有技术细节和创新都让我眼界大开。

远景能源的首席执行官特意从一个重要会议中抽身飞回公司，与我进行了长达1小时的会谈。我当时不禁感叹，尽管远景能源已经是一家规模庞大的公司，但其企业领导层依然能保持敬业、执着、进取的精神，这实在是难能可贵。

这些会面为我们的业务合作奠定了坚实的人际基础。在罗马尼亚，诺法尔能源携手隆基绿能，成功签署了公司在该国有史以来最大的太阳能面板合同；在德国，我们与阳光电源强强联手，最终达成了一项具有里程碑意义的储能设施协议；在特斯拉突然将英国西兰岛项目的价格提高2000万英镑后，我们与远景能源决定携手继续推进项目的建设。

一年后，也就是2024年10月，我写下了这篇序言。

今年，我带领一支更庞大的专业团队，再次来到中国上海进行了一段时间的考察。一年前，诺法尔能源公司与中国企业建立的友谊促成了我们的首次通力合作；一年后，我们公司与中国企业的合作关系还在不断积累加深。此次访问让我的团队亲身体验了东道主的高度敬业与谦逊，也更加坚定了深化我们合作关系的决心。

不仅如此，通过2024年的中国之行，我们深刻意识到另一个重要趋势——可再生能源行业的发展情况，似乎清晰地反映了中国的崛起。

美国曾是全球可再生能源转型的领头羊，但如今其每年安装的太阳能面板数量已大幅落后中国，且这一趋势仍在加剧。在技术领域，中国企业已领先美国，并在不断巩固这一优势。而在客户体验方面，中国的服务文化更是让美国无法望其项背，堪称行业典范。即便在政策层面，美国也在逐步放缓在可持续燃料、绿色氢气、氨气等关键领域的推进步伐，推迟了能源革命的下一步进程。

换句话说，今天推动全球走向更加绿色和可持续未来的领军者已经不再是美国，而是中国——这一转变在几年前是不可想象的。

我对中国的未来发展充满信心，也相信中以两国合作的重要性和美好前景。中国和以色列都是拥有悠久历史和卓越智慧的国家，两国的合作将会带来广泛的全球性利益。我们的共同使命是为子孙后代创造一个比当前世界更美好的世界。

在与隆基绿能的首席执行官告别时，他请我在其购买的书上写下题词。谨以当时的题词，献给所有中国的读者朋友：

感谢你们的友好与支持，感谢你们在这场伟大事业中与我并肩作战。

第 1 部分
传统能源、过渡能源与未来能源

在本书第1部分，我们将首先聚焦能源对人类的重要性，并回顾蒸汽机和电网的发明如何掀起一场前所未有的革命。其次，我们将审视来自地球深处的能源——煤炭、石油和天然气——如何推动人类的发展，并引发了人类对未来的深切忧虑。接着，我们将探讨人类发明的力量如何在能源生产领域开辟并行通道，为人类应对经济增长可能终结的恐慌提供了解决方案。最后，我们将了解人类如何掌握风能、水能、地热和太阳能，将这些自然力量转化为改善生活和推动经济发展的动力。

第1章 能源：驱动人类文明的引擎

西墙。彼此堆叠的巨石之间蕴含着深邃的能量。这道位于耶路撒冷圣殿山西边的墙壁，承载了世代信徒的祈祷和哭泣。但我这里说的并不是圣庙西墙所寄托的精神能量，而是物理层面的能量。物理能量正是本书要探讨的核心主题。

能量是指物体做功的能力。为了开采、凿刻、运输并举起重达数十甚至上百吨的巨石，古人不得不与地心引力展开艰苦卓绝的较量。他们调动了成千上万的牲畜和成千上万名工人（其中大部分是奴隶）的肌肉力量，成功建造了许多历经千年而不朽的纪念性建筑，例如圣殿山城墙、金字塔、帕特农神庙和巨石阵。

当我们能够更有效地将自然界的能量转化为对人类有用的形式时，我们的社会就会更加繁荣，技术也会更加先进。例如，车轮的发明降低了摩擦的损耗，使得相同的能量能够更有效地被用于运输和机械制造；动物的驯化及专门工具的发明让人类能够将动物的体力转化为耕作和运输的动力。

在人类历史上，许多发明的核心目标是提高能源利用的效率。据说，数学家和发明家阿基米德通过巧妙运用和改进杠杆原理，设计出一种能够使能量利用效率最大化的强大机器。这台机器的威力足以将敌方船只举到空中，成功地保护了他所在的西西里岛城市锡拉库扎免遭罗马军队的入侵。阿基米德使用杠杆原理，展现了他对能量运用的深刻理解。阿基米德对能量的运用凝练在他的那句名言中："给我一个支点，我就可以撬动整个地球。"此外，他还发明了阿基米德螺旋泵，这种巧妙的抽水装置通过旋转螺旋管，将水从低处的池塘或水源提升至高处，从而满足农田灌溉的需求。

* * *

能量不会凭空产生，这是热力学第一定律——能量守恒定律——的核心要义。我们能支配的能量早已存在于自然界中。真正的奥秘在于，我们如何识别并掌握蕴藏在自然界的能量，将其转化为推动人类文明发展的力量。植物通过光合作用将太阳辐射能转化为储存在有机化合物中的化学能，为植物的生长和繁殖提供动力。动物和人类将食物中的能量（即卡路里）转化为构筑躯体与维持生命功能的动力。人类通过利用自然界的多种能量形式来实现自己的目标。能量利用的广度和效率，直接决定了人类社会的进步与发展程度。

从古代迈向现代的关键两步

两项发明彻底革新了人类使用能源的方式。第一项发明是发动机。1769年，英国苏格兰的工程师詹姆斯·瓦特对纽科门蒸汽机（又译纽可门机）进行了重要改进。纽科门蒸汽机是人类历史上第一台蒸汽机，主要用于抽水但效率较低。经过瓦特改良后的蒸汽机效率大幅提升，能够应用于更广泛的领域。瓦特蒸汽机更具效益，它的燃料消耗量比其前身减少了75%。

发动机通过将可燃物中的化学能有效转化为高速旋转的机械能，为工业革命的成功奠定了基础。1804年，英国矿场工程师理查德·特里维希克利用瓦特的蒸汽机造出了世界上第一台蒸汽机车。自此，火车技术不断进步，火车逐渐成为欧洲、亚洲和美洲用于运输货物与人员（包括士兵和武器装备）的主要工具。随着发动机技术的进步，尤其是内燃机的发明，燃料的利用率显著提升。这一技术进步促进了交通工具的能源转型，让火车和私人车辆摆脱了对煤炭的依赖，并转向能量密度高、易于运输、污染少的石油基燃料。

发动机的功率主要用"马力"来量化，这个单位指的是1秒钟内将75千克的重量提升1米的能力。一匹马能够以每小时约20千米的速度拉动一辆四轮运货车或一个人前行，而一群马匹可以拉动一列轻型火车。现代汽车的功率通常超过100马力，有时甚至达到几百马力。

试想，当一个现代人告诉一个生活在18世纪的先人，200年后每个人都能拥有相当于100马力的出行工具，他会有什么反应？除了不可置信，他可能还会提出疑问：去哪里找那么多干草喂这些马匹？如何处理它们产生的废物？然而，我们的汽车并不需要"干草"喂养，而且产生的污染也远低于饲养100匹马所带来的负担，不管是用汽油驱动的汽车，还是更现代的电动汽车。

尽管人类在这一历史时期已掌握了大规模利用能量的技术，但我们仍面临一个关键瓶颈：能源生产集中于特定地点，而燃料必须经由运输才能抵达使用终端。

远距离能源传输：电网系统

瓦特蒸汽机发明100多年后，另一项革命性发明以同样迅猛之势改变了世界，推动人类走出蒸汽时代。这个故事要从一位非凡的发明家托马斯·阿尔瓦·爱迪生说起。世人尊敬爱迪生，因为他发明的白炽灯泡照亮了黑夜；电影人铭记他，因为他发明的电影摄影机留住了光影；能源领域的从业者赞扬他，因为他在电力系统的早期发展中发挥了关键作用。

1882年9月4日，爱迪生建立的珍珠街发电站成为世界上第一座商业发电厂。虽然珍珠街发电站也是通过燃烧煤炭来为蒸汽机提供动力，但不同于传统的蒸汽机应用，这里的蒸汽机并不被用于抽水或驱动机械设备，而是利用其动力创造出了一种新的技术奇迹——电。最初，珍珠街发电站为82户家庭点亮了电灯泡。到了1884年，其供电范围已扩展至508户家庭，照明的电灯泡总数达到10164个。然而，电力在当时算不上一项新发明。早在1800年，意大利物理学家亚历山德罗·伏特就发明了电池；1831年，英国物理学家迈克尔·法拉第发明了发电机，即拖动一块磁铁穿过一个线圈来产生电流。这股电流的神奇力量让美国发明家塞缪尔·摩尔斯心潮澎湃，并于1838年发明了电报。

电灯泡的原型实际上在爱迪生之前的几十年就已经被发明出来，但成功将其推向商业化的是爱迪生。值得注意的是，爱迪生发电厂的创新点并不在于发电机本身，而在于他构建的电网系统。这个系统首次实现了远距离能源传输。

就在这时，另一位才华横溢的发明家尼古拉·特斯拉进入了历史的聚光灯下。特斯拉生于塞尔维亚，1882年开始在爱迪生公司位于欧洲的分支机构工作。1884年，他怀揣着仅剩的4美分和一封推荐信，漂洋过海来到美国。推荐信的作者在信中说道，他只认识两位非凡才俊：一位是爱迪生，另一位便是持信人。特斯拉的才华果然没有让人失望，他迅速获得了爱迪生的青睐并被录用。然而，当特斯拉提出将直流电改为交流电的构想时，爱迪生却拒绝了这个大胆的建议。

爱迪生的发电厂主要生产直流电，其工作原理类似电池，即电荷沿着固定方向从一个极点流向另一个极点，并在此过程中为电器设备供电。特斯拉认为，为设备供电的直流电并不适用于新建立的电网系统。直流电通过电线时会导致电缆发热并造成能量损耗，这意味着需要建设大量发电厂来为发电厂周边区域供电。特斯拉提出制造一种新型发电机，这种发电机能够产生每秒改变200次方向的电流，即交流电。交流电相比直流电有一个关键优势：它可以通过变压器改变电压，从而最大限度地减少电力传输过程中电缆电阻造成的热量损失。

变压器的引入使电力传输实现了重大突破，即能够在不改变电缆的情况下传输更多的能量。尽管电缆能够承载的电流有上限，但电力传输的功率并不仅仅取决于电流的大小，而是取决于电流和电压的乘积①。通过变压器增加电压后，同一电缆可以传输更多的能量。例如，如果我们将家庭电网中使用的一根电缆放在高压电网中使用，并且保持相同的电流，

---

① 当电流保持不变时，如果通过变压器将电压升高，功率也会相应增加。这意味着即使使用相同的电缆，通过升高电压，也能够传输更多的电能。

由于电压在高压电网中大幅提升，这根电缆可以传输的电能会显著增加，可能达到家庭电网中的千倍之多。

然而，由于已经在直流电发电厂上投入了大量资金，爱迪生对特斯拉提出的交流电构想并不感兴趣。在经历多次失望后，特斯拉最终选择离开爱迪生，并与爱迪生的主要竞争对手乔治·威斯汀豪斯合作。

一场"电流之战"由此打响，爱迪生的直流电与威斯汀豪斯的交流电展开了激烈角逐。为了争取市场优势，爱迪生不惜采用一些不道德的手段。例如，爱迪生曾用交流电电死了一只狗，接着又以同样的方式电死其他动物，以证明交流电的危险性。更有甚者，爱迪生成功游说纽约州政府使用威斯汀豪斯的交流电为执行死刑的电椅提供电力，并处决了一名囚犯。这一狡诈的公关策略意在摧毁交流电的声誉，将其塑造成一种致命的力量。

即便在"电流之战"结束后，爱迪生仍不遗余力地强调他所强烈反对的交流电的危险性。1903年1月，一头名为托普希的雌性大象因意外造成一名观众死亡而被判处死刑。这头大象的主人原计划将其绞死，但美国爱护动物协会对此表示反对，最终决定采用毒药和电刑结合的方式。大象被喂食了掺有氰化物的胡萝卜，接着被穿上绕着铜线的套鞋，套鞋被通上交流电。整个执行过程被拍摄了下来，画面显示，大象在接触电流后倒地，脚下还迸发出了火花。爱迪生利用这一事件进一步宣扬交流电的致命性，试图证明它不仅对小动物和人类有致命威胁，甚至连大象这样的大型动物也无法幸免。

然而，爱迪生最终败下阵来。电力的核心优势在于其远距离传输能量的能力，而在这方面，特斯拉和威斯汀豪斯的交流电展现出了无可比拟的优越性。1893年，在争夺芝加哥世界博览会电力供应合同的竞争中，威斯汀豪斯战胜了爱迪生。世博会的灯光照明供电全部用交流电。美国总统亲自按下电源开关的瞬间，交流电的胜利尘埃落定。

发动机和电力这两项新发明的结合，对人类生活的各个领域产生了深远影响。发动机带来了前所未见的能量生产能力，推动了全球工业化的进程，极大地提升了人类生活的质量。通过电网，电能可以在不同地点之间快速传输，并且在传输过程中几乎没有损失。一切提升人类生活质量和延长寿命的事物，都源于这两项革命性发明的结合，以及由此衍生的技术创新，包括私人和公共交通、先进的医疗技术、电器家用设备、经济实惠的服装。

马尔萨斯灾难

1798年6月，一部对后世产生深远影响的著作在伦敦问世。这本书在全球范围内引发了广泛的讨论，并且至今仍备受关注。这本书的全称为《论影响社会改良前途的人口原理，以及对葛德文先生、孔多塞先生和其他作家推测的评论》，最初以匿名形式出版，但几年后再版时，作者公开了自己的身份。他就是当时年仅32岁的牧师托马斯·马尔萨斯。

与同时代经历了早期工业革命的快速发展和蒸汽机崛起的乐观主义者不同，马尔萨斯认为，人类飞速进步的背后潜藏着失败的危机。

问题在于，虽然食物产量的增加能够带来更广泛的富足，但它也会导致人口的大量增长，而长远来看，新增人口所需的食物必将超出人类生产能力的极限。一方面，人口呈几何级数增长，这意味着第一代有一个人，第二代有两个人，第三代有四个人，到了第四代就会增长到八个人，以此类推，人口数量将会以惊人的速度迅速膨胀。另一方面，作为人类能源来源的食物通常呈算术级数增长。也就是说，耕地面积或牲畜数量呈线性增加，如果每年增加的耕地面积或牲畜数量是恒定的，那么食物供应每年只会增加相同的数量，而不会随着时间的推移成倍增长。因此，终有一天，人口数量将远远超过食物供应，饥荒将会成为不可避免的结果。由于食物短缺会导致婚姻和出生率下降，同时也会增加因营养不良和疾病引发的过早死亡，人口将会大量减少。

40年后的1838年，另一位杰出的英国生物学家查尔斯·达尔文在结束海上航行后，翻开了马尔萨斯的著作。刚刚结束跟随英国皇家舰船贝格尔号的远航，达尔文急于探索新物种诞生的奥秘，而马尔萨斯的理论为他提供了重要启示。在此之前，达尔文认为每个物种的繁衍最终会达到某种稳定的平衡状态，然而在深入阅读马尔萨斯的论述后，他猛然意识到，物种会无限繁衍，而资源的稀缺将导致生存成为生死淘汰赛。有限的资源使得最适应环境的个体生存下来，从而推动单一物种的进化，一如达尔文在其旷世之作《物种起源》中所述。

不可否认，马尔萨斯的见解蕴含着相当的真理。人口数量的增加与减少如潮汐般起伏，一个时期的繁盛往往预示着日后的衰落。人类一直在缓慢地繁衍生息，但数万年来，社会的整体福利水平却并未显著提升。马尔萨斯陷阱确实存在。时至今日，一些思想家和新闻工作者仍会援引马尔萨斯理论的逻辑链条，呼吁人们减少生育，或是警告人类无法长期维持现有的增长率。但事实证明，自从马尔萨斯理论问世以来，尤其是整个19世纪和20世纪，马尔萨斯对人类未来的预测显然过于悲观。

18世纪，全球人口数量大约为6亿。19世纪，当马尔萨斯理论问世时，全球人口数量飙升至大约10亿。根据马尔萨斯理论的逻辑，全球人口不可能以当前速度持续增长，而且资源的不断消耗最终将会导致激烈的冲突或战争。然而，在随后的130年间，全球人口翻了一番；截至1928年，尽管第一次世界大战导致数百万人伤亡，全球人口数量仍然增长至大约20亿；在随后50年间，尽管第二次世界大战再次摧毁了无数生命，但人口的增长趋势依然未被遏制，截至1975年，全球人口数量已达40亿；随后不到半个世纪，全球人口数量再度翻倍，截至2022年年底，世界人口数量突破了80亿大关。看到这个数字，马尔萨斯恐怕在九泉之下也难以安宁。

最匪夷所思的是，尽管人口数量急剧增加，但人均可用资源并没有减少，人类激烈争夺资源的场景也没有出现。1968年，在全球人口数量达到35亿之际，生态学家保罗·埃尔利希的畅销书《人口炸弹》正式出版。书中，埃尔利希延续了马尔萨斯的观点，以悲观的笔触预言了人口的快速增长将对人类的未来带来严重威胁。他在开篇写道：

　　为全人类寻求温饱的战役，如今已是强弩之末。即便当前立即采取一切可能的紧急措施来应对粮食危机，到了

20世纪70年代，全球仍会有数亿人因为饥荒而面临死亡。一切挽救措施都为时已晚，没有什么能阻止全球死亡率的大幅上升。

但这些悲观预测都没有发生。全球的死亡率持续下降，吞噬数亿生命的大饥荒也没有发生。埃尔利希还在书中写道："我认为印度绝无可能在1980年前再养活2亿人。"但是，印度养活的人远不止这些，其全国人口数量在2022年达到了13.8亿[①]，同时贫困率实际却下降。

埃尔利希并不是唯一的马尔萨斯主义者。1972年，由一群科学家组成的国际性民间学术团体"罗马俱乐部"发表了一部著名著作《增长的极限》（ *The Limits to Growth* ），宣称世界经济将在人口增长与资源匮乏的重压下走向崩溃。他们发出预警，全球预计会在2000年出现粮价飞涨的现象，接着会全面爆发耕地面积不足的危机，届时饥荒将会导致一部分人口死亡。黄金、白银、铜、铅等重要资源也将在短短数十年间彻底枯竭。

根据书中记载，按当年已知的石油储量计算，在人口不再增长的情况下，石油还能维持31年；在人口呈指数增长的

---

① 该数据为印度政府估算数据，根据统计口径不同，也有2022年印度人口已经超过14亿的说法。

情况下，石油将在20年内耗尽。

按此推算，全球石油将在1992年彻底枯竭。即使全球石油储量扩大5倍，使用年限也只能延长至2022年。尽管作者们并没有否认市场存在很多可能影响资源生产的变量，但他们同时指出，在该著作成书前，汞价在20年间上涨了500%，铅价在30年间上涨了300%。

尽管有着诸多悲观的预测，现实却一再挑战马尔萨斯及其追随者的预言。石油不仅没有枯竭，已探明的石油和天然气储量反而在不断增加。根据《增长的极限》一书的描述，按当时的消耗率，1.14万亿立方英尺的天然气储量可以使用38年。在50年后的2022年，已探明的天然气储量增加至6.9万亿立方英尺，按更新后的消耗率计算，这些储量还可以维持50年。

重要资源的价格也并未如预期般暴涨。1980年，《人口炸弹》一书的作者保罗·埃尔利希与经济学家朱利安·西蒙进行了一场关于未来的赌注——他们就铜、铬、镍、锡、钨这5种金属在1990年的价格走势打了个赌。埃尔利希认为，人口增长将推高这些金属的价格；而西蒙则坚信，人类的创新会带来更高效的资源利用，因此金属价格反而会下降；10年后，结果揭晓，西蒙赢得了这场赌注：其中3种金属的名义价格①在10年间出现了下降，而当考虑通货膨胀因素时，5种金属的实际价格全部出现了下滑。最终，西蒙从埃尔利希手中接过了一张576.06美元的支票。

不仅全球人口在不断增长，每个人的生活质量也在大幅提升。换句话说，尽管人类数量以惊人的速度增加，但每个人的平均生活水平却比任何时代的祖先都要优越。

确切地说，普通人的生活得到了显著改善。正如诺贝尔经济学奖得主米尔顿·弗里德曼教授所言：

工业的进步、机械的改良，以及当代一切伟大的奇迹，对富人来说意义并不是很大。古希腊的富豪几乎无须现代化的自来水管道，因为他们的仆役小厮自会跑去为他打水。电视机和收音机的用处也不大，罗马贵族在家中便能欣赏一流音乐家和演员的现场表演。交通和医疗的进步或许会让他们感到满意，但除此之外，西方资本主义的伟大成就主要造福普通人。这些成就将曾经仅属于富豪权贵的便利和舒适带给了寻常百姓。

---

① 名义价格是指商品或服务在市场上显示的价格，它以当前货币单位表示，并且未经过通货膨胀或其他因素的调整。换句话说，名义价格就是我们在商店、市场或经济报告中看到的实际标价。在经济学中，名义价格常用于描述某一时点的价格水平，而为了进行更准确的跨时分析，通常需要将名义价格转换为实际价格，以消除通货膨胀的影响，使得不同时间段的价格具有可比性。

18世纪初，全球的极端贫困人口超过80%，甚至达到90%，他们每天的生活费不足2美元或1美元。但随着时间的推移，这一比例相应地锐减至10%以下。

创新是打破马尔萨斯灾难的解药

这一奇迹是如何发生的？毕竟，马尔萨斯的预测看起来无可辩驳。我们究竟是如何摆脱那个看似无可避免的马尔萨斯灾难的呢？答案就是，年轻的马尔萨斯并没有错，只是他未能预见到人类创造力的深远影响和巨大力量。从某种意义上说，马尔萨斯最恐惧的人口增长，反倒让人类因祸得福。

更多的人口不仅仅意味着更多的食物需求和资源消耗，还意味着更多的发明与创造。英国记者兼科学家马特·里德利在其著作《理性乐观派》中将这种现象生动地比喻为"当思想有了性"（ideas having sex）。随着人口的增加和城市的集中，人与人的相遇变得空前频繁；更重要的是，思想与思想的交汇又催生出新的思想。不同思想的相互交融催生出新的第三种思想，从而推动了人类创造力和革新能力的指数级增长。于是，虽然全球人口从马尔萨斯时代的不足10亿发展到今天的80多亿，但是人类的生活质量不降反增。能源效率的提升便是人类发明能力指数级增长的一个典型例证。

打破马尔萨斯灾难

可以说，人类打破马尔萨斯灾难的力量来源于人类的创新能力。借由创新能力，人类有史以来第一次击败了关于人口的指数级增长将会迅速耗尽有限资源的冷酷逻辑。

然而，人类的发明能力并不会一直以线性方式增长。虽然效率和技术细节上有所改进，但是20世纪初的发动机与21世纪初的发动机几乎相差无几。自威斯汀豪斯和特斯拉在19世纪末至20世纪初开发并推广了交流电系统之后，现代电力系统的基本结构和原理并没有发生太大的变化。如果一位百年前的工程师穿越到今天，他几乎可以毫不费力地融入现代的工作环境。

在这个拥有80多亿人口的世界中，如果我们希望继续维持高标准的生活水平，人类的发明能力必须不断与马尔萨斯的冷酷计算展开斗争。如果人类在发动机和电网领域的创新已接近极限，那么我们必须另辟蹊径，寻找可以为人类所用的能源利用方式，以此应对马尔萨斯灾难。我们能否找到一种经济实惠、用之不竭的清洁能源？问题的答案，我们将在第3章揭晓。在此之前，我们先来了解一下目前可以为人类所用的能源类型，也就是可以为未来能源铺路的过渡能源。

第2章　承前启后的过渡能源

太阳是贯穿本书叙述的主角。自古以来，人类依赖的许多能源都来自太阳。我们可以直接利用太阳的热量在沙漠中烤制面包，或将湿衣物晾干；可以通过将阳光聚焦到树枝上来生火，实现食物烹饪或者御寒取暖。值得注意的是，通过燃烧植物获取能量的方式，本质上就是在利用太阳的能量。植物通过光合作用将太阳的能量转化为化学能，即以生物质为载体的能量，以便人类通过燃烧释放能量。另外，帮助我们完成各种任务的动物，其力量也要依赖它们从植物中摄取的能量。不仅如此，我们利用风能研磨小麦的方式，实际上也是借助了太阳的能量，因为风的形成，是太阳辐射使得地球表面不同区域形成温度差异，引起空气流动。

化石燃料的出现：煤炭、石油与天然气

在工业革命的浪潮中，人类发现了另一种利用太阳能的方式——化石燃料。煤炭、石油和天然气都源于植物，植物通过光合作用捕捉并储存太阳的能量，经过数百万年的埋藏与沉积，最终转化为富含能量的化石燃料。

　　科尔布鲁克代尔是英格兰什罗普郡的一个小村庄，许多人将其视为工业革命的摇篮。1709年，英国工匠亚伯拉罕·达比就是在这里开创了焦炭炼铁的革命性工艺。在此之前，英国主要依靠木炭（即烧过的木材）作为炼铁的燃料。然而，英国的森林资源正在迅速耗尽。随着英国人口在16世纪和17世纪持续增长，城市化进程加速，木材不仅被用作燃料，还广泛应用于建筑，木炭价格随着需求量的增加而不断飙升。

　　亚伯拉罕·达比利用焦炭替代木炭来炼铁的创新，不仅促进了煤炭开采业的发展，还为英国铺设火车轨道提供了必要的原材料。纽科门蒸汽机的发明最初也是为了解决煤矿排水的问题。当时，煤矿常因积水而无法开采50米以下的深层煤炭。随着蒸汽机的应用，煤矿工人可以开采更深层的煤炭资源，因此极大地增加了煤炭的开采量。

　　在工业革命时期，能源密度的概念变得极为重要。能源密度是指单位质量或体积的材料所能够储存或释放的能量总值。每千克煤所产生的能量大约是木材的3倍，因此煤炭被视为驱动蒸汽机的理想燃料，并成为推动工业革命的关键动力源。蒸汽火车和轮船用煤炭代替木炭，极大地降低了运输过程需要携带的燃料重量和体积。

　　工业革命的进程赋予了煤炭新的重要性和地位，使煤炭从原本无足轻重、用途有限的资源，转变为推动工业革命的核心能源。无论是实际应用还是象征意义，煤炭都是工业革命的关键动力源。到19世纪末，石油开始在能源领域崭露头角，逐渐变得越来越重要。

1855年，耶鲁大学的化学教授本杰明·西利曼成功从原油提炼出煤油，并将其用于照明。煤油提炼技术的创新，替代了从鲸鱼头部提取鲸蜡油的技术，极大地缓解了当时的捕鲸压力，保护了无数鲸鱼的生命。然而由于精炼工艺的局限性，大部分原油并未得到充分利用，提炼过程中产生的副产品（如汽油）常常被当作废物倾倒在附近的河流中。

1867年，德国工程师尼古拉斯·奥托发明了四冲程内燃机，这项技术成为现代大多数内燃机的基础。内燃机的出现极大地提升了汽油的使用效率，直接推动了石油产品的需求。石油时代的真正开启可以追溯到1908年，当时，亨利·福特将内燃机应用在福特公司开发的T型车上。早在这一时期，电动汽车已经与汽油动力汽车展开了竞争，例如底特律电气曾在1910—1920年售出了数千辆电动汽车。福特本人也曾在1914年推出过一款电动概念的T型车，但他很快放弃了这个项目。20世纪初，汽油作为汽车燃料相比电力具有更高的能源效率，而适合电动汽车使用的高效电池技术要等到一个多世纪之后才被开发出来，并且实现商业化应用。

石油因其高能量密度而成为交通运输工具的理想燃料，每千克石油释放的能量是煤炭的两倍。此外，石油的液态特性使其能够通过管道运输，并且可以高效储存在各种交通工具的油箱中，无论是汽车、火车、船舶还是飞机。第一次世界大战期间，英国和美国海军率先使用石油驱动的战舰，相较于仍使用煤炭的德国海军战舰，英美战舰具备显著的战略优势，能够在不需要补给的情况下行驶更长的距离。此后几十年间，石油的优势被不断发掘，全球掀起了一场寻找"黑金"的热潮。1964年，石油已经取代煤炭，成为世界的主要能源。

20世纪下半叶，天然气作为第三种主要化石燃料开始迅速发展。石油和天然气常常在地下共存，并一同被开采出来。但由于早期技术的限制，天然气常常在开采现场直接被点燃，而不是被储存或利用。19世纪，虽然气体燃料常被用于照明和取暖，但是它并非天然气，而是由煤炭生产的气体，即易于运输的"城市煤气"①。直到20世纪密封管道被发明和改进之后，天然气才真正实现了广泛应用。天然气不仅经济实惠，其能量密度更是煤气的两倍，因此在生产和运输技术成熟后，天然气逐步取代了煤气。

---

① 城市煤气指由市政煤气厂销售和分配的几种易燃气体，用于城镇的照明和供暖。

电网的出现显著加速了煤炭、石油和天然气这3种化石燃料的应用。在发电厂中，这3种燃料的能量转化过程都是相似的：燃烧时产生的热量加热锅炉，释放出高压蒸汽，蒸汽驱动涡轮机旋转，进而带动磁铁产生电场，最终实现电力的生成。电力的传输能力意味着能源可以迅速从一个地方输送到另一个地方，极大地扩展了煤炭、石油和天然气的应用场景。随着煤炭和天然气在电力生产中的广泛应用，以及石油在交通运输领域的普及，这些化石燃料的开采和燃烧量也因此创下了历史新高。

天下无不散之筵席：马尔萨斯预言再现

人类在化石燃料领域的应用模式又引发了一个问题。正如上一章中马尔萨斯理论的支持者所指出的，我们不断发现并迅速消耗地下的矿藏。随着全球人口的增长和经济的繁荣，化石燃料的消耗量也在迅速增加。化石燃料要历经数百万年才能形成，但我们却在极短时间内将其耗尽。显然，即便能够通过更高效、更先进的方式利用这些资源，我们依然不能停止寻找可持续的替代能源。

在3种主要化石燃料中，煤炭是最普遍的。按照目前的消耗速度计算，目前已探明的煤炭储量可供人类使用约107年。

然而，随着人类逐步转向替代能源，煤炭的消耗速度或许会有所下降。

虽然石油相对稀缺，但如我们在上一章所探讨的，有关石油即将枯竭的预测显然过于悲观。截至2016年，全球已探明的石油储量约为1.65万亿桶，按照当前的消耗速度，这些储量可以支撑47年左右。此外，已探明的天然气储量为6900万亿立方英尺，相当于约1.154万亿桶石油，按照当前的消费速度，这些储量足以支撑52年。

毫无疑问，未来我们将会发现更多的石油和天然气储藏，并找到更高效的利用方式。然而，随着非洲和拉丁美洲等目前工业化程度较低的地区逐步实现工业化，以及服务器农场、虚拟货币等新型能源需求的兴起，全球能源消耗预计将在未来几十年内显著增长。我们是否能够摆脱马尔萨斯所预言的资源困境？与其担忧资源逐渐变得稀缺，不如思考如何找到更具可持续的解决方案。

从某种角度来看，预期中的能源消耗增加，实际上可能具有积极的意义。当前的状况类似英国在工业革命前夕的局面。当时对木材的巨大需求导致了大规模砍伐，最终推高了木材价格。这一危机不仅没有成为灾难，反而促使英国发现了煤炭的巨大潜力，推动了能源结构的转变。同样，面对当前的能源挑战，我们或许也将发现新的能源来源，并利用那些尚未被充分开发的机遇。然而，除了马尔萨斯陷阱，化石燃料还带来了其他一系列严重问题，接下来我们将对此进行探讨。

矿井悲歌

1907年12月6日上午10点28分，位于美国西弗吉尼亚州莫农加小镇的费尔蒙特公司煤矿发生了一次剧烈的地下爆炸。紧接着，矿井的另一个区域发生了第二次爆炸。当时矿井内挤满了工人，其中不乏未成年人。爆炸导致矿井顶部塌陷，通风系统彻底瘫痪，有毒气体迅速弥漫到整个矿井。大多数矿工当场死亡，其余人也因窒息或中毒而丧生。这场灾难共造成362人遇难，成为美国历史上最严重的矿难之一。1907年是美国煤矿业的至暗时刻，共有3242人在煤矿事故中丧生。整个20世纪，美国煤矿业有共计超过10万名矿工在开采过程中付出了生命的代价。

煤矿是极具危险性的工作场所。矿井中存在的有毒气体不仅会导致矿工窒息，还具有易燃性。此外，矿井塌方是常见的安全隐患。尽管多年来矿井工作条件有所改善，尤其是在西方国家，但这些危险并未完全消除。

即使没有发生事故，煤矿开采本身也会对健康构成严重威胁，因为矿井中的可吸入颗粒会导致多种疾病。虽然工作条件在不断改善，但是研究显示，多达12%的矿工患有致命的肺部疾病。煤工尘肺病也被称为"黑肺病"，不仅会导致肺部组织瘢痕化、呼吸困难，还会缩短预期寿命。自从1969年煤矿行业引入严格的监管措施以来，人们一度认为这种疾病已经得到控制，但近年来，这种疾病的发病率却再次上升。一项发表于2018年的研究发现，自1970年以来，美国有超过4600名煤矿工人被诊断出煤工尘肺病，其中一半的病例发生在2000年以后。另一项发表于2022年的研究指出，黑肺病病例增加的原因可能与煤矿中高浓度的硅粉尘暴露有关。

空气污染

煤炭一直是恶名昭彰的污染源。早在1661年，英国作家约翰·伊夫林就出版了一本名为《烟尘防控建议书》（*Fumifugium*）的小册子，其中探讨了伦敦因大量燃烧煤炭而导致的空气污染问题。他建议用散发香味的木材替代煤炭，以缓解由污染引发的咳嗽症状。甚至在工业革命之前，伦敦就是出了名的雾都，城市的空气中常年弥漫着烟雾。但从18世纪开始，伦敦的空气污染问题显著加剧。1952年的伦敦烟雾事件将空气污染的危害推向了极致，短短4天就造成了4000

人死亡。据估计，随后几周和几个月内，又有8000人因这次事件而丧生。

煤燃烧时产生的可吸入颗粒物会进入大气，导致呼吸系统疾病，并显著增加癌症、心脏病等健康风险。可吸入颗粒物主要分为PM2.5和PM10两种。前者是指直径小于2.5微米的颗粒物，容易穿透肺部组织且致命性很强；后者是指直径小于10微米的颗粒物。

煤炭中还含有硫、氮等化学元素。这些元素被释放到大气中时，会与氧气反应生成二氧化硫和氮氧化物。这些化合物不仅本身对健康有害，还会在大气中进一步形成可吸入颗粒物。

尽管采用了现代化的法规和过滤技术，煤炭依然引起了不少问题。在欧洲，褐煤发电每太瓦时[①]预计会导致33人死亡（范围在8~130人之间），另外导致300人患上严重疾病，1800人出现轻度健康问题。普通煤炭发电每太瓦时预计会导致24人死亡，另有225人患上严重疾病。

相比煤炭，石油燃烧时产生的污染物较少，且由于其高能量密度和液态的特性，非常适合作为交通运输领域的燃料。因此出于成本考虑，石油主要用于交通运输领域，而较少用

① 太瓦时是表征宏观用电量的单位。1太瓦时=1000吉瓦时=10^6兆瓦时=10^9千瓦时。

于发电。地缘政治因素也对以色列做出这一选择产生了影响：以色列过去曾使用重油（一种原油产品）发电，在阿拉伯国家实行石油禁运期间，尽管转向煤炭发电的过程漫长且成本高昂，以色列仍然决定改用煤炭发电。这一点我们将在后文详述。发电方式的转变意味着国家需要对现有的发电厂进行改造，并建设专门的煤炭装卸码头。在全球范围内，石油在电力生产中的应用比例非常低：全球36.7%的电力来自煤炭，23.5%来自天然气，仅有3.1%的电力来自石油。

如前所述，石油是交通运输领域的主要能源。但与此同时，它也是严重环境污染的主要来源。原因在于，电力生产过程中产生的污染物通常通过烟囱等高架设施排放，而交通运输的污染物则直接在地面高度排放，对公共健康的威胁更为严重。船舶使用的燃料也会造成严重的污染。根据埃利亚金·本·哈昆（Elyakim Ben Hakoun）博士的研究，以色列的海法、阿什杜德和阿什克伦的空气污染主要源自停靠在这些城市港口的船舶，而非当地的工业排放。

天然气相比石油和煤炭更为清洁，这也是它在许多能源生产领域备受青睐的原因之一。天然气几乎不含硫，氮含量也非常低，因此在燃烧过程中不会向空气中释放大量污染物。然而，天然气也会造成一定的污染。天然气发电每太瓦时预计会导致3人死亡，另有30人患上严重疾病，10000人出现轻度健康问题。

温室效应

作为一名从事可再生能源领域工作并积极推动其发展的从业者，我自然关注温室效应和气候危机带来的挑战。然而，我必须向读者坦承：虽然我确信温室效应是真实存在且值得我们警惕的问题，但我并不认为它应当获得如此高的关注，也不应该引发媒体所营造的那种极端恐慌。我们需要理性审视这个问题。

温室气体本身并不是有害物质。恰恰相反，如果没有大气中的温室气体，地球的平均气温就不会是现在的14℃，而是-18℃。因此，温室气体对于维护地球生命至关重要。温室气体指那些能捕捉太阳热量并将其重新辐射回地球表面的气体。因此，温室气体本质上就像温室的玻璃顶或一床厚重的棉被，防止热量从地球表面逃逸。

与普遍认知不同，最常见的温室气体并非二氧化碳，而是水蒸气。大气中的水蒸气是维持地球当前温度的关键因素，这是我们无须担忧的自然现象。其他温室气体还包括二氧化碳和甲烷。人类无法影响水蒸气的自然循环，但人类在过去一个世纪里的活动，却导致大气中二氧化碳和甲烷的浓度显著增加。

当我们燃烧煤炭、石油或天然气时，这些化石燃料中储存的碳被释放到大气中。这些碳原本是由数亿年前的植物和动物在其生命过程中吸收并储存在体内的。碳与大气中的氧气结合形成二氧化碳，部分二氧化碳被海洋吸收，但仍有大量二氧化碳留在大气中，加剧温室效应。甲烷是一种比二氧化碳的温室效应更强的温室气体，也是我们用于能源生产的天然气。尽管甲烷在燃烧过程中不会直接进入大气层，但在不同的生产过程中，甲烷可能会大量逸出并进入大气。此外，煤矿开采过程中也会释放出甲烷气体。

我们向大气中排放的温室气体越多，被捕获并反射回地球的热量就越多。我们目前既不清楚温室效应的确切强度，也不清楚温室效应会随着温室气体浓度的增加而达到何种程度，但其存在是毋庸置疑的。

这一问题通常被称为"气候敏感性"。具体而言，如果大气中二氧化碳的浓度翻倍，全球平均气温将上升多少？许多研究人员对二氧化碳的影响进行了估算，普遍认为全球平均气温将增加2~4℃，在某些极端情况下甚至可能增加至5℃。

然而，人类活动对气候的影响并不容易计算。其背后的原因在于，人类活动不仅会导致地球变暖，还会产生冷却效应。燃烧化石燃料会释放出一种被称为气溶胶的微小悬浮颗粒。自19世纪以来，人类活动导致大气中的气溶胶数量显著增加，尤其是在北半球。

气溶胶通过两种机制实现冷却。其一，它们可以直接反射太阳辐射。当太阳光照射到气溶胶时，这些气溶胶会将部分太阳辐射反射回外太空，这种反射作用就像一道屏障，阻挡了一部分太阳光线进入地球。其二，它们可以生成云层。水滴在气溶胶颗粒周围凝结，形成云层，而云层则会产生所谓的"反照率"效应，即照射到云层上的太阳光会被反射回太空，从而降低地球的温度。和温室效应一样，这种反温室效应也是人类活动的结果。

冷却云层的存在，导致气候变化的分析更加复杂，因为这些云层周围积累的部分气溶胶是在宇宙辐射到达地球并与大气层相互作用时产生的。根据希伯来大学的尼尔·沙维夫（Nir Shaviv）教授等科学家的观点，过去一个世纪内观察到的部分气候变暖现象，可能并非完全由温室效应引起，而是太阳活动导致地球接收到的宇宙辐射减少。宇宙辐射减少意味着云层形成减少，导致更多的太阳能量被留在地球，最终引发全球变暖。如果这些科学家的理论成立，那么温室效应对气候变暖的影响可能比普遍认知的要小，因为还有其他自然因素也在推动全球变暖的进程。宇宙辐射是一种自然现象，它既不关心人类燃烧了多少碳（即排放了多少二氧化碳），也不关心它的减少是否会导致冷却云层减少，进而引发全球变暖。因此，工业化并非影响大气层的唯一因素。

这一切意味着，气候变化的复杂程度远超我们通常所了解的。如果燃烧化石燃料产生的气溶胶对地球具有冷却作用，那么减少燃料燃烧虽然可以降低温室效应，但同时也会削弱气溶胶的冷却作用。此外，随着对这些机制有更深入的理解，人们可能会产生不同的结论。

气候控制权的全球争夺

当梅拉夫·迈克尔（Merav Michaeli）议员担任以色列交通运输及道路安全部部长时，她在社交媒体上宣布了一项令人振奋的决定：拟适度提高全国火车车厢的空调温度，以减轻许多女性因车厢温度过低而产生的不适。然而，部分习惯较低环境温度的乘客对这项由负责全国铁路系统的部长做出的决定表示不满。在家庭和工作场所等不同生活场景中，我们对空调温度引发的争执早已司空见惯。如果从更广泛的视角来看，云层和气溶胶实际上就如同调节全球气候系统的遥控器。

全球科学家正在积极研究如何通过制造气溶胶或"增

白"云层来实现快速而显著的地球降温，以应对日益严峻的全球变暖问题。这一领域的研究被称为气候工程。随着技术的逐步成熟，关键问题变得愈发复杂：如果气候工程技术开发完善，谁将有权主导和操控气候？气候工程技术将会带来什么后果？

卡塔尔曾于2022年年底主办国际足联世界杯，赛事耗资高达数千亿美元，是历届足球世界杯成本的数十倍，这不禁引发我的思考。卡塔尔是一个仅有约25万公民①的酋长国，每年通过石油出口获得巨额财富。根据我的个人预测，用于制造大量云层或气溶胶的技术将会在未来30年里走向成熟，届时地球气温将大幅度下降。这可能引发一场全球范围的气候控制权争夺战。我们完全可以预见，卡塔尔的领导人可能利用其巨大的财政资源，主动控制本地气候，通过制造云层或分散气溶胶，将国内的平均气温降低10℃，同时无意间将欧洲推入一个异常寒冷的时代。

应对有方，处事不乱

我们再继续讨论由人类活动引发的温室效应问题。

---

①　根据我国外交部2024年10月更新的数据，目前卡塔尔人口279万，其中公民约占15%。

温室气体究竟有多大的危险性？根据当前媒体广泛传播的观点，温室气体似乎对人类生存构成了明确的严峻威胁。这一问题被贴上了"气候危机"的标签，以唤起公众的忧虑。私以为，这些灾难性的预测往往缺乏足够的科学依据，并且在某种程度上呼应了马尔萨斯的悲观预言，即无节制的增长将不可避免地导致灾难。

历史上，地球曾经历过多个冷热交替的时期。在公元头几个世纪里，罗马帝国时期的气候被称为罗马温暖期或罗马气候适宜期。研究表明，这是过去2000年中最温暖的时期。部分史学家将当时温暖宜人的气候与罗马帝国的繁荣联系在一起，并认为随后的寒冷期是导致罗马帝国消亡的因素之一。中世纪时期，地球在950—1250年再次经历了一个温暖期，随后在1350—1850年迎来了小冰河期。在小冰河期，伦敦的泰晤士河冬季经常结冰。然而，自1850年起，全球气温再次上升，晤士河结冰现象再未发生。

有学者指出，过去的气候变化现象大多是局部的，主要集中在中东、欧洲和北美地区。他们认为，当前全球范围内的气温上升要归咎于现代社会温室气体的排放。

无论媒体的报道是否引起我们的恐慌，温室气体对全球变暖的影响已经得到了科学界的广泛认可。过度变暖的潜在危害不容忽视，我们必须对此保持高度警惕。

天然气：低排放不等于无排放

能源使用是温室气体排放的主要来源，占人类活动温室气体排放的72%。其中，电力和供暖占据了31%的排放量。2019年，全球温室气体排放总量约等于363亿吨二氧化碳当量。

在碳排放的语境中，天然气对温室效应的影响明显比煤炭低，这一点与空气污染的情况类似。然而从全球碳排放总量来看，煤炭和石油仍然是主要的排放源：燃煤的碳排放量达到143.6亿吨，石油燃烧的碳排放量则达到123.5亿吨，二者共占据燃料相关温室气体排放的70%以上。紧随其后的是天然气，其碳排放量为75.6亿吨。

与褐煤相比，天然气的碳排放量减少了60%，与传统煤炭相比则减少了50%。因此，全球逐步向天然气发电的转型，显著降低了碳排放。以美国为例，2007—2020年，美国全国的碳排放量下降了40%。以色列也在加速推进使用天然气发电，截至2020年，以色列人均碳排放量从9.82吨降至6.5吨。

尽管如此，天然气发电在以色列仍面临反对意见。由于天然气含有甲烷等原因，反对者认为天然气既存在安全风险，又会导致污染。甲烷在大气中产生的温室效应要比二氧化碳强得多，其在20年内对全球变暖的影响是同等质量的二氧化碳的85倍。但长远来看，甲烷的影响会随着时间发展而逐渐减弱，其在100年内对全球变暖的影响"仅仅"为同等质量的二氧化碳的28倍。尽管甲烷的长期影响相对减弱，但它依然是一种极具威胁性的温室气体。

这是怎么一回事？

在利用天然气发电的过程中，为了避免浪费，发电厂通常会避免将天然气直接排放到大气中。相反，天然气会在发电过程中被完全燃烧，这一过程不会向大气中排放甲烷。甲烷的排放主要发生在天然气的生产、储存和运输过程中，但这些过程中的排放量相对较小。

不同地区的甲烷排放数据存在较大差异。在以色列，各个环节排放到大气中的甲烷仅占温室气体总量的0.4%~1.2%。各种气体的碳排放量通常以二氧化碳当量来衡量。基于这一标准，煤炭发电每千瓦时产生约879克的二氧化碳当量排放。即使将天然气生产、储存和运输过程中排放的甲烷考虑在内，天然气发电每千瓦时产生的碳排放量仍低于400克。

在美国及其他一些国家，天然气的甲烷排放量较高，一是部分地区的基础设施已经十分老旧，导致泄漏频繁；二是这些地方的能源生产主要依赖水力压裂法^①技术，而这一过程会导致大量的甲烷排放。尽管如此，美国向天然气发电的转型在降低碳排放方面仍然取得了显著进展。

从以上分析我们可以得出两点重要启示：其一，天然气的确不失为一种有效的过渡燃料，与煤炭相比，它的污染物排放更少，且温室气体的排放也较低；其二，天然气发电的解决方案虽好，却不是最好的。即便人类集体转向天然气发电，温室气体依然会在大气中持续累积，而这是我们不愿意看到的长期趋势。

地缘政治：在他国恩惠中求生存

2014年，我前往芬兰考察该国蓬勃发展的天然气和风能产业，并了解其运作模式。在一次午餐时——由于犹太教饮食规定，东道主特意为我安排了一家素食餐厅，我表达了自己对芬兰这样一个小国却能够勇敢抵抗苏联入侵的钦佩之情。在1939—1940年的冬季战争中，芬兰成功抵抗了庞大的

---

① 水力压裂法（fracking）是一种钻井方法，即通过在高压下注入水、化学物质和沙子，打开并扩大地球表面和地表以下的裂缝。水力压裂法一直有不少隐患，因为在这个过程不仅会使用有毒化学物质，而且会产生大量含盐废水。这些废水有时会溢出或未经适当处理就倾倒，导致污染河流和淡水供应。

苏联军队，使其遭受重创。

芬兰东道主告诉我："如今，我们与俄罗斯的战争形式已经发生了变化。这是一场围绕天然气的战争。"欧洲的发电、供暖和工业领域大量依赖天然气，而其中相当一部分来自俄罗斯。

俄罗斯早就发现天然气是一种战略武器，可以用来推动其在欧洲的利益诉求。每当俄罗斯希望在外交上达成某些目标时，它就会提高天然气价格，或是以"技术问题"为借口制造运输障碍，以此暗示欧洲国家，只要满足俄罗斯的需求，这些所谓的技术问题都可以迎刃而解。

这也是为什么即使在可再生能源刚刚起步且价格居高不下的时候，欧洲仍然非常重视并积极推动其发展。欧洲历史上的频繁冲突让欧洲人深刻意识到，能源依赖不仅会带来经济风险，还包括其他多方面的代价。这场发生于2014年的讨论，初看不过是些理论探讨或地方性"议会"会议。直到2022年俄乌冲突爆发，这番讨论才显露出现实意义。

俄乌冲突发生以后，对俄罗斯实施的国际制裁遭遇了俄罗斯的反制，包括削减对欧洲的天然气供应及大幅提高天然气价格。这个痛苦的现实暴露了这样一个事实：对化石燃料的依赖需要付出高昂的地缘政治代价。

地球的自然资源分布并不均匀，有些国家资源丰富，而另一些则资源匮乏。能源作为关键的推动力，只要人类需要利用自然资源生产能源，自然资源的地理分布就成为非常关键的因素。

俄乌冲突并非全球首次因能源资源的地理分布而引发的地缘政治冲突。大约在50年前的赎罪日，地球一个小角落也爆发过一场震动全球的赎罪日战争（Yom Kippur War，又称第四次中东战争）。

1973年赎罪日（10月6日）中午，警笛的声音不仅仅在以色列境内引起了恐慌和震撼，还在全球范围内产生了广泛的影响。战争爆发后，美国对以色列提供了紧急空运补给和武器，引发了控制全球大量石油供应的阿拉伯国家的愤怒。1973年10月20日，沙特阿拉伯国王费萨尔宣布对美国实施石油禁运，随后大多数阿拉伯国家纷纷加入这一行动。此次禁运还包括削减石油生产，引发石油价格大幅上涨。

这次石油禁运行动持续至1974年3月19日，给西方国家带来了严重的能源危机。石油价格从每桶3美元飞涨至12美元，3倍的涨幅引发了广泛的连锁反应。为了防止汽油价格过快上涨，政府实行了价格控制措施，导致加油站前大排长龙。与此同时，其他依赖能源的产品价格也大幅上升。

以色列政府则实施了汽油定量配给措施，规定每辆车每周必须停用一天。1974年12月1日，以色列政府决定限制民用电力消耗，并对超出月度配额的用户处以高额罚款。20世纪60年代末，以色列的汽油支出占国民生产总值的1%，能源危机发生后，这一比例激增至7.3%。尽管这次石油禁运并没有取得显著的政治成果，但它对西方国家造成的经济和社会影响却非同小可。

1973年的石油危机让全球意识到，依赖那些远离本国且政治不稳定的能源资源是不明智的。以色列及其他国家在中东战争后逐步淘汰重油发电，转而采用可能导致严重污染的煤炭发电。在交通领域，这些国家也开始尝试过渡到电动交通工具，尽管这项技术在当时尚未成熟。

与此同时，政府也开始提出其他解决方案。尽管核电站的建设和运营成本高昂，但它们仍被视为一个重要的选项。以色列曾于20世纪60年代搁置了有关核能研究和使用的计划，但在赎罪日战争之后，以色列重新审视了发展核能的思路，而法国等国家则全面采纳了核能。后文将会详细讨论核能的实际应用情况以及在同一时期提出的水力发电选项。

在那个时期，关于太阳能和风能作为大规模电力生产手段的讨论首次得到了认真对待。尽管当时的技术距离实际应用仍相当遥远，而且开发成本也十分高昂，但由于对少数几个国家能源供应的依赖已然成为难以承受的重负，各国政府、研究机构及工业界开始积极探索新兴替代能源的出路。

1973年的石油禁运事件并不是地缘政治背景下的能源依赖所引发的最后一次能源危机。伊朗1979年革命爆发后，全球油价翻了一番，世界再次陷入石油危机。6年前的石油危机带来的恐惧支配着美国消费者，让他们纷纷蜂拥至加油站，唯恐政府会再次实行定量配给措施及抬高油价。时任美国总统吉米·卡特向全体公民发表讲话，呼吁节约能源。他甚至在白宫屋顶上安装太阳能电池板来为白宫提供热水，这一举动象征着美国政府对可再生能源转型的期望。这场危机也严重冲击了以色列的经济，导致预算赤字加剧、外汇短缺，汽油支出占以色列国民生产总值（GNP）的比例升至11%。

在应对污染和温室气体排放方面，天然气相比煤炭更具优势。然而，地缘政治依赖的情况却截然相反。欧洲国家对俄罗斯天然气的依赖关系表明，欧洲需要找到更稳定、更不容易受到单一国家控制的能源来源，以减少因资源供应国的政策变化或冲突带来的风险。

目前，以色列的能源局势似乎有所改善。随着塔玛尔气田、卡里什气田和利维坦气田的发现，以色列不仅实现了能源独立，还收获了一种比煤炭更加清洁、对环境污染更少的能源。然而，相较人类对能源的庞大需求和使用速度，天然气资源最终会被耗尽，而且天然气当前仍然面临潜在的恶意破坏风险。在发现大型气田之前，埃及输往以色列的天然气管道屡遭袭击，致使天然气管道多次发生泄漏，特别是在2011—2014年。气田开发后，以色列投入了大量资金保护新建设的天然气钻井平台。

天然气对以色列具有战略和经济上的重大意义。在成功转向更经济、更便利且用之不竭的能源资源之前，天然气为以色列的能源结构转型争取了宝贵的重组期。相较以往，以色列及全球的能源行业当前已经具备了更多有利条件，可以有效地迎接未来能源转型的挑战。

第3章 未来能源的星辰大海

煤炭、石油和天然气推动人类社会取得了许多伟大成就。然而正如前一章所述，化石燃料的使用伴随着沉重的代价。每消耗1千克化石燃料，都会让马尔萨斯苦笑着宣告胜利。化石燃料资源终将枯竭，一切只是时间早晚的问题。煤炭开采本身就存在安全风险，而尽管各国制定实施的环保法规在一定程度上改善了空气质量，煤炭燃烧产生的污染问题依然令人担忧。化石燃料燃烧释放的大量二氧化碳对大气造成了严重影响。此外，全球石油和天然气资源分布的不均匀性，时常引发严重的地缘政治挑战，导致能源危机对全球经济产生广泛影响。因此，我们必须积极寻求未来能源解决方案，以实现更低的环境和经济成本。

何为未来能源解决方案？它必须解决5个问题。第一，它需要提供几乎无限的供应，确保人类未来数百年乃至数千年的可持续发展。第二，它应具备经济实惠且便于获取的特点。第三，它必须尽可能清洁，减少环境污染。第四，它应具有良好的运输便利性，这意味着它必须是主要的电力来源。第五，它应具备去中心化的特性，以降低地缘政治因素长期以来对能源供应的影响，并提高能源系统的稳定性。此外，如果它能够帮助交通运输业摆脱对石油等污染性燃料的依赖，那将是它的额外优势。近年来，可再生能源逐步渗透到多个能源领域，为实现这些目标铺平了道路。

可再生能源是指不会枯竭的自然资源，即可以长期持续使用的能源。只要我们合理管理，风将持续吹拂，太阳将继续照射，树木将不断再生。

可再生能源的概念其实古已有之。正如第一章所述，古人完全依赖自然界的再生资源。风力和水力驱动船只，太阳提供热量并产生蒸发作用。出现在堂吉诃德冒险故事中的风车，就是人们对可再生能源的早期应用。

虽然可再生能源是古代社会的主要能源来源，但它并未像煤炭、石油等有限能源那样促进人类社会的迅速发展和增长。那么，是什么使得可再生能源成为未来能源解决方案呢？答案就在我们前文讨论的两项关键技术突破中——引擎和电力。

现代可再生能源技术借助电力的快速传输和引擎的高效利用，突破了过去能源应用的局限，不再受制于资源枯竭、能源成本和化石燃料所带来的污染问题。

因此，古代用于航行和驱动磨坊的水流，如今被用于水电站发电，实现不同用途的电力供应，包括制衣、游戏和电动汽车充电。风力不再局限于驱动传统的面粉磨坊，而是通过风力涡轮机产生电力。地热能技术帮助人类利用地球内部自然产生的热量发电。过去，人们利用太阳能在日常生活中满足一些简单的需求，如晾晒衣物、利用太阳光的聚焦效果（例如通过放大镜）点燃火种，以及在热沙里烘烤食物；而如今，人类已经可以通过太阳能电池板将阳光转化为电力了。

可再生能源的潜力不可小觑。诚然，通过建设水坝来利用水力进行发电，是一项资源密集型的工程。但是，一旦收回了前期电力生产的成本，后续我们几乎可以免费获得电力，并且不再面临燃烧化石燃料带来的持续空气污染。风力涡轮机和太阳能电池板的情况也是如此。经济实惠的电能能够持续提升我们的生活质量，并帮助我们摆脱马尔萨斯陷阱。

然而，可再生能源尚未完全取代煤炭、天然气和石油，这背后的原因是多方面的。首先，可再生能源并不总是稳定可用的，风力和光照的间歇性导致其电力生产不具持续性。其次，可再生能源设施通常需要占据大量的土地面积，而且在不久前，安装可再生能源设备的费用仍相对较高。虽然这些挑战非常艰巨，但它们正在一点一点地被克服。如今，可再生能源正不断克服重重障碍，引领人类迈向一个不再依赖有限燃料的可持续的未来。

本书主要探讨最适合以色列国情的能源——太阳能。我不仅会详述太阳能的多种生产方式及其固有优势，还会仔细研究其他重要的非化石能源类型，包括水力、风能和地热能。作为补充，我还会对核能展开叙述——虽然核能是一种非可再生能源，但它在讨论可再生能源时常常被提及。最后，我们将回顾过去10年发生的3次重大能源革命，以及它们如何促使当前时代在能源史上具有特别重要的意义。

第4章　追光逐日，挺进能源蓝海

太阳是一个巨大的能源库，堪称能源之"源"。地球每小时接收到的太阳能约为4.3×10^{20}焦耳，即430后面加18个零，这一量级远远超过人类一年的能源消耗总和。如果可以有效地开发利用太阳能，人类将会获得一种成本低廉且供应稳定的能源形式。

无数科学家、发明家和工程师始终对太阳投射到地球的巨大能源保持关注，并且不断探索如何有效利用这一能源。人类要如何将太阳能转换为电能，并进一步转化为不同的能源形式？

虽然这个问题有很多种答案，一部分答案的影响比较浅显，而另一部分答案则对人们的认知产生了深远影响。但最终，只有一个答案被广泛认可并成为行业共识。

以色列的太阳能发展

以色列的太阳能产业发展水平处于世界先进之列，无论是理论研究还是技术应用。其中，太阳能热水器是最突出的应用细分领域，家庭普及率高达85%。这项技术每年为以色列节省约40亿千瓦时的电力，相当于一个900兆瓦电站的年发电量。就太阳能热水器的家庭普及率而言，全球只有塞浦路斯能与以色列相提并论。早在1976年，以色列就立法要求国内的多层住宅必须安装太阳能热水系统，比美国总统在白宫屋顶安装太阳能电池板的象征性措施早了3年。

太阳能热水器在以色列的普及要归功于哈里·兹维·塔博（Harry Zvi Tabor）博士的创新。塔博博士是太阳能研究的先驱，被誉为以色列的"太阳能之父"。这位出生于伦敦的以色列科学家深受以色列国父戴维·本–古里安的尊重。1951年，塔博创立国家物理实验室，在可再生能源等领域开展了一系列先驱性实验。

"我投身太阳能研究事业实际上是出于无奈，"92岁高龄的塔博在2009年回忆道，"当时以色列资源匮乏，总理办公室不断收到民众来信，询问为什么不能有效利用我们唯一充足的资源——阳光。为了回应这些询问，我不得不深入研究该领域，随后发现这一想法完全合乎逻辑。太阳是一个现成的、巨大的能源库，为我们提供取之不尽、用之不竭的能源。"

塔博开发的特殊涂层为太阳能热水器的集热板提供了一种新型材料替代方案。传统的太阳能热水器通常采用反射镜聚集太阳能，而塔博发明的涂层可以最大限度地吸收太阳的辐射能，他提出的选择性吸收涂层①理论在全球引起轰动。2008年，他在接受媒体采访时分享了一则故事：

> 一个偶然的物理发现立刻让现有太阳能电池板的输出功率翻倍。我很幸运，恰好在全球首个关于太阳能的大会召开前一个月取得了这项技术突破。戴维·本–古里安决定让我参会并呈现这项成果。选择性吸收涂层迅速成为大会焦点，受到所有参会者的高度关注。这项以色列新技术备受全球瞩目，确立了以色列作为太阳能技术全球领导者的地位。

塔博凭借这项发明获得了1955年以色列魏茨曼科学奖。短短几年间，选择性吸收涂层从理论转化为实际应用，广泛集成于以色列的太阳能热水器中。

电力池与电力塔

兹维·塔博还测试并推进了多项太阳能发电方法。其中一个概念是"太阳池"，由捷克裔科学家鲁道夫·布洛赫

---

① 选择性吸收涂层的核心在于其能够高效地吸收太阳辐射（主要是可见光和近红外光），同时最小化热辐射的损失。

（Rudolf Bloch）博士提出并注册了专利。布洛赫曾担任多项职务，包括以色列死海化工厂的首席研究官。根据布洛赫的讲述，他在匈牙利一个湖里游泳时，突然萌生了建造太阳池的创意。当时，湖水表层的温度适宜，但深入湖底的双腿却感受到了灼烫的高温。他顿时意识到，如果能够保持湖底热水的积聚并使其不断升温，这种热量就可以被有效地利用。

在普通池塘中，底部水体因受热而密度减小，导致热水上升到池塘表面并冷却，热量因此被释放。而在太阳池中，底部水体具有高盐度，这使得它无法与上层的淡水混合，从而保持热量在湖底积聚。池塘底部的水温可以达到85℃。人们可以在太阳池中铺设含有低温蒸发液体的管道，以此吸收池塘底部积聚的热量并使液体受热后蒸发，再通过这个过程所产生的蒸汽驱动发电设备生成电力。

20世纪50年代，塔博和布洛赫试图将这一构想付诸实践，但当时并未引起关注。直到70年代石油危机发生后，这一概念才重新受到重视。通过与以色列奥玛特科技公司（Ormat Technologies）的合作，全球首个利用太阳池发电的系统在贝特哈阿拉瓦（Beit HaArava）枢纽附近建成，配备了一台5兆瓦的涡轮发电机。该系统一直运行至90年代，后因效率低下而被拆除和弃用。太阳池的能量转换效率较低，未能激励进一步的技术开发，因此这一概念仅成为能源历史上的一个有趣插曲。

　　能量塔是另一个在以色列发展起来的能源概念。虽然其最初并非由以色列创立，但自1989年起，该技术在海法的以色列理工学院得到了进一步研究和发展，成为一个长期课题。该项目的主要推动者是时任以色列能源部首席科学家的丹·扎斯拉夫斯基（Dan Zaslavsky）教授。

　　假如有一个位于干燥炎热沙漠地区的巨型钢塔，其高度超过1千米，直径达数百米。海水通过水泵送至塔顶，并在塔内喷洒。塔内的高温使海水迅速蒸发，进而冷却塔内空气。由于冷空气的密度较大，它会迅速下沉，形成向下的气流，驱动安装在塔底的涡轮机发电。能量塔的一个显著优势在于，它能够在有热空气的情况下持续发电，而不仅仅依赖阳光照射的时段。

　　尽管这个构想充满吸引力，但其实施过程仍存在很多挑战。第一是成本问题，能源塔的初期建设成本极为昂贵，估计约为10亿美元。第二是效率问题，例如，能量塔产生的电力有相当大的一部分会被用于自身运作，具体来说，就是用来将海水泵到塔顶。第三是环境问题，例如海水液滴可能引发污染，而且庞大的塔身结构可能对自然景观造成破坏。这些问题导致能量塔的概念最终只停留在规划阶段，而其他太阳能发电方式则获得了更多的发展和应用。

聚光塔与凹面镜

　　另一种太阳能利用方式则取得了更显著的成功，并且其中也有以色列的贡献。这个概念相对简单：通过聚焦太阳光产生高温热能，再将其转化为电力。这种发电形式被称为太阳能热发电或聚光太阳能发电。

　　实现这一目标的方法是抛物线槽技术，即利用凹面镜将阳光聚焦到装有导热油①的管道上，通过导热油吸收并传递热量，以驱动发电系统。20世纪80年代初，以色列裔美国企业家阿诺德·戈德曼在美国加利福尼亚建造了这种装置，并创立了总部位于耶路撒冷的鲁兹工业公司（Luz Industries）。他的第一套太阳能发电系统成功生产了14兆瓦的电力，电价为每千瓦时0.24美元。后续的电站总发电量提升至350兆瓦，电价逐步从每千瓦时12美元降至0.08美元。然而，这仍然不具备足够的竞争力：当时美国家庭的平均用电价格低于每千瓦时0.08美元，工业用电价格更是低于每千瓦时0.05美元。除此之外，电站的建设成本高昂。随着乔治·布什总统在任期内取消了鲁兹工业公司依赖的税收优惠政策，公司最终在1991年申请破产。

---

　　① 导热油是一种用于传热的液体，通常在工业和能源领域中使用，具有较高的热导率和热稳定性，可用于加热和冷却系统。

另一种利用太阳能的创意是太阳能热发电塔。1981年，美国能源部在南加州的莫哈维沙漠启动了一项名为"太阳1号"（Solar One）的试点项目。这是一座数百米高的发电塔，上面有1818面定日镜，将太阳光集中反射至塔顶的接收器，接收器内的锅炉被加热并产生高温蒸汽，从而驱动涡轮机发电。"太阳1号"发电塔在1982—1986年运行，发电功率为10兆瓦，建设成本为1.41亿美元，约合2022年的5亿美元。随后的"太阳2号"发电塔项目在1996—1999年运行，发电功率同样为10兆瓦，但建设成本仅为5000万美元，约合2022年的1亿美元。虽然发电塔的建设成本在15年内降低至1/5，但这一数字依然偏高。

虽然太阳能热发电技术至今仍未得到大规模应用，但其在全球范围内依然发挥着重要作用。截至2021年，全球采用该技术的电厂总装机容量已达6800兆瓦，其中约1/3（2300兆瓦）位于西班牙。作为全球阳光最充足的地区之一，摩洛哥目前正在建设全球最大的太阳能热发电厂，计划装机容量为500兆瓦，预计建设成本约25亿美元。

2019年，以色列梅加利姆（Megalim）太阳能发电公司在内盖夫沙漠的阿沙利姆完成了一座发电塔的建设。该项目由诺伊基金（Noy Fund）、亮源能源公司（BrightSource）和美国通用电气公司联合投资，建设成本约为28亿新谢克尔[①]。发电塔高达250米，顶部安装了一台重达2220吨的锅炉，周围3平方千米范围内分布着5万面定日镜。控制系统通过数字算法追踪太阳的位置，计算出定日镜的角度，以确保太阳光能够始终准确地聚焦到发电塔顶部的锅炉上。这座发电塔的发电功率达到了250兆瓦。

内盖夫能源公司采用抛物线槽技术建造了另一座电厂，其发电量及建设成本与梅加利姆公司的发电塔相似。由于高昂的建设成本和较长的施工周期，这些电厂的预期电价在每千瓦时0.85~0.95新谢克尔，几乎是以色列用户常规电价的2倍。

2021年年初，诺法尔能源公司开始正式洽谈收购梅加利姆公司的太阳能发电塔项目。当时该项目负债20亿新谢克尔，年收入为2.7亿新谢克尔。我之所以批准这项收购，是因为我希望通过技术升级来降低运营成本，同时提升电厂的收益。

这座发电塔采用了水蒸气发电技术，这产生了两项固有的限制。首先，在太阳下山的时候，太阳能无法再提供热量，发电塔就会停止发电。其次，有时需要对一些定日镜调整角度，以避免温度过高，超过面板承受能力。

---

① 新谢克尔是以色列的法定货币和巴勒斯坦的流通货币。1新谢克尔约等于2元人民币。

我收购这一项目的想法，源于某天驾车穿过内盖夫沙漠时注意到发电塔周围出现了一圈光晕，出于好奇，我开始探究其原因。结果发现，光晕现象的产生是因为发电系统无法处理定日镜所聚集的额外太阳能量，因此这些镜子被调整到对准空旷区域的角度。这让我意识到，发电塔的性能可以通过熔盐技术得到进一步改善。这项技术已经在全球范围内得到了广泛应用，不仅可以将多余的能量储存在二级熔盐储罐中，还可以通过储存这些热量来保证电厂在夜间持续发电。

技术升级不仅会增加诺法尔能源公司的营收，还可以为国家带来更高的收益。因为国家曾为该发电塔颁发许可证，并将在许可证期满后获得该发电塔的所有权。然而，财经媒体对我的这个收购计划持怀疑态度，部分原因在于诺伊基金持有诺法尔能源公司的部分股份。尽管证券监管机构明确表示这宗交易合规，但这一专业判断似乎并未引起财经记者的重视，他们更倾向于炒作争议性话题。很遗憾，媒体的负面报道制造了不必要的干扰，导致诺法尔能源公司不得不将重心转向其他业务。

当光能转换为电能

1957年10月4日，美国遭遇了一场前所未有的震撼——它的最大对手苏联成功将第一颗人造卫星"斯普特尼克1号"送入外太空，完成了一项令人瞩目的壮举。这颗卫星发出的"哔哔哔"声对苏联来说是胜利的旋律，而对自诩为技术和工程领域领头羊的美国而言，却是一记沉重的打击。"山姆大叔"[①]还没来得及恢复并调整其卫星发射计划，苏联紧接着又在1957年11月3日成功发射了"斯普特尼克2号"卫星。冷战时期的太空竞赛由此正式拉开序幕。

美国的回应迅速而有力。1958年2月1日，美国军方成功发射了首颗美国卫星"探险者1号"。但美国并未就此止步，同年3月17日，他们再次取得突破，成功发射了"先锋1号"。这颗重1.46千克的铝制球形卫星配备6根天线，进入了低地球轨道[②]。"先锋1号"的创新之处在于，它不仅依赖电池供电，还首次使用了太阳能电池。

这一技术突破标志着太阳能电池在航天领域的首次成功应用，从那时起，太阳能电池成为太空任务的标准装备。卫星的设计也随之改变，从简单的带天线球体演变为装有太阳能电池板的先进设备，展现了科技进步对航天技术的深远

---

① "山姆大叔"是美国政府的绰号。

② 低地球轨道又称近地轨道，是一个以地球为中心的轨道，其高度不超过2000千米（约为地球半径的1/3），或每天至少有11.25个周期（轨道周期为128分钟或更短），偏心率小于0.25。空间的大部分人造物体都在低地球轨道上。

影响。

太阳能电池板相较其他能源选项具有显著优势。传统电池存在能量密度小、重量较大的问题，而化石燃料则存在重量较大、数量有限的问题，并且需要通过发电机将其转化为电能。尽管当时太阳能电池板的成本相对较高，但其高效的能量转化率充分证明了其在航天应用中的独特价值。世界各国和科学界逐渐认识到利用太阳能发电的巨大潜力：我们不仅可以通过热能来产生电力，还可以通过光伏效应，直接将光能转化为电能。

光伏效应

1839年，法国物理学家安东尼·亨利·贝克勒尔首次证明了光伏效应。他观察到，阳光照射某种特定材料，能够直接产生电流。1905年，阿尔伯特·爱因斯坦深入研究了类似现象，并提出了光伏效应的理论解释。正是这一研究为爱因斯坦赢得了诺贝尔物理学奖——而不是他提出的广义或狭义相对论。

光伏效应是如何作用的呢？我们在太阳能发电场或自家屋顶上看到的黑色或蓝色面板，实际上是一系列太阳能电池组成的系统。每个太阳能电池都是由半导体材料制成，一般是硅材料。硅是一种具有金属和非金属双重特性的类金属。硅的原子结构高度有序，因此它适合多种技术应用。硅的半导体特性使其在光照下能够"激发"电子的释放，从而转化为导电材料。硅被分为两部分，其中一部分加入了少量的磷原子——磷原子比硅原子多一个电子，这种掺杂区域被称为N型半导体；另一部分加入了少量的硼原子——硼原子比硅原子少一个电子，这个掺杂区域被称为P型半导体。当掺杂磷的硅（N型半导体）和掺杂硼的硅（P型半导体）结合形成PN结时，N型区域中的多余电子（带负电荷）会自发地向P型区域扩散。这一过程在PN结的交界处产生了一个内建电场，使N型区域带负电荷，P型区域带正电荷。当光子照射到硅材料时，光子的能量会激发硅中的电子，使这些电子开始移动，从P型区域（正极）流向N型区域（负极），进而产生电流。虽然单个太阳能电池产生的电流较小，但通过将多个电池串联连接，形成一个完整的太阳能发电系统，便可生成足够的电力。

几十个太阳能电池串联起来，就构成了一个太阳能电池板。太阳能电池板又可以进一步互联并接入变压器，将其产生的直流电转换为交流电，进而将电力输送到国家电网，或是为封闭网络^①中的设备提供电力。

20世纪60年代，太阳能电池板主要应用于卫星领域，因为它的成本过高，难以在其他领域广泛使用。然而随着技术的不断进步，情况开始发生变化。70年代的石油危机激发了人们对石油替代能源的兴趣，包括对光伏电池板的潜力。但早在这场危机之前，埃克森等石油公司已经开始创办或收购太阳能公司。他们意识到，通过技术创新降低成本，是赋予太阳能经济可行性的关键路径。

在太空应用中，太阳能电池的成本远远超过100美元/瓦。在其他任何应用场景下，这都是极为昂贵的价格。按2019年的标准计算，1976年太阳能电池的发电成本高达106美元/瓦。然而随着持续的技术进步，这一领域的努力开始取得显著成效。

到20世纪80年代末，太阳能电池的成本下降至8美元/瓦。在接下来的10年间，这一成本再次减半，到2002年达到了4美元/瓦。虽然这一成本水平尚不足以支撑太阳能电池板与传统能源直接竞争，但成本的持续下降趋势依旧令人振奋。在全球范围内，太阳能的应用加速增长，截至2002年，全球太阳

---

① 封闭网络指与外部系统隔离的独立电力网络。在这种网络中，电力的产生、传输和使用都在这个封闭系统内完成，不与国家电网或其他外部电力系统相连。

能发电总量已达1.8太瓦时。相比之下，风能发电量为52太瓦时，而水力发电则高达2626太瓦时。在这一时期，以色列的电网尚未接入任何太阳能发电设施。

利用太阳能发电曾是历代人的梦想，但要推动光伏技术广泛应用，而不仅仅是用于特定领域，我们仍有3个关键问题亟待解决。首先是成本问题。从经济角度看，只有太阳能发电的成本进一步下降，太阳能才能与传统能源竞争。其次是空间问题。相较其他集中能源形式，太阳能电池板的安装需要占据很大空间，这是一个亟须克服的劣势。最后是稳定性问题。如果没有经济实惠且可靠的储能技术，电力就无法实现按需供应，那么依赖煤炭、重油或天然气的发电厂仍将不可替代。

在本书第二部分，我们将探讨过去10年间这3个问题是如何得到彻底解决，从而开启了一个全新的、阳光灿烂的太阳能时代的。但在此之前，我们将探讨几项全球摆脱化石燃料的过程中必不可少的关键能源技术。

第5章 水力发电的流动奇迹

2022年8月，我参观了位于巴西与巴拉圭交界的伊泰普大坝，这座水坝拥有全球最大规模的水力发电站之一。面对这座长近8000米、高196米的巨大水坝，我很难不为其宏伟感到震撼。水坝所储存和转化的能量规模令人叹为观止。该发电站的10台涡轮机几乎满足了巴拉圭的全部电力需求，同时还供应了巴西15%的电力。根据两国达成的协议，巴拉圭有权获得大坝总发电量的一半，但由于国内需求较低，巴拉圭将多余的电力出售给了巴西。伊泰普发电站每年可产生大约100太瓦时的电力，这一产量比以色列全年的电力消耗量高出50%。

伊泰普发电站于1975年开始建设，第一批发电机组于1984年5月投入运行。随着工程的推进，更多的涡轮机陆续安装，直至2007年最后两台涡轮机并网发电，发电站的总发电能力提升至14吉瓦。这座水电站长期位居全球最大发电站之首，直到2012年才被装机容量达22.5吉瓦的中国三峡发电站超越。

伊泰普发电站的建设投入巨大，按今天的价值折算，成本高达500亿美元，而且巴西还因此背负了巨额外债。但从长远角度来看，这座庞大的水电站具有不可估量的价值。伊泰普发电站是人类利用自然力量的典范，它将地球上奔流不息的水流转化为稳定的能源，通过巨额的资本投入，建造出一座可以驯服江河、按需发电的发电站。

水力发电是世界上最古老的发电方式之一，也是最成功的可再生能源形式。它利用水流的力量和重力驱动涡轮机进行高效发电。目前，水力发电在全球总电力产量中的占比约为16%，而水力发电在所有可再生能源电力中的占比为62%。在未来的能源蓝图中，水力发电无疑将继续占据重要地位。水坝既不燃烧有害物质，也不排放温室气体（除了建设阶段），同时能让使用水力发电的国家摆脱对外部能源的依赖。

巴西凭借水力发电，成为可再生能源的超级大国。该国拥有109吉瓦的装机容量，30吉瓦的储能能力（通过水坝），2020年发电量达到396太瓦时，是南美洲水力发电能力最强的国家。2018年，巴西超越美国，成为全球第二大水力发电国家；全球第一大水力发电国家是中国，其装机容量为356吉瓦。在巴西的电力结构中，燃煤和燃油发电占比不到5%，天然气占8.6%，其余电力几乎全来自可再生能源，其中水力发电占据主导地位，贡献了63.8%的总电量。

水力发电为巴西提供了充足且经济实惠的电力，成为推动国家快速发展的重要动力。1970—2010年，巴西的发电量增长了10倍，这一增长主要得益于水力发电。随着电力供应的增加，全国居民的电力普及率也翻了一番，从48%跃升至99%。世界银行估算，如果没有这些额外的电力供应，巴西居民的生活质量将大幅下降，国民生产总值将减少36%。

然而，水力发电也面临着一定的挑战。20世纪90年代，水力发电一度为巴西提供超过92%的电力，但自那以后，这一比例逐渐下降，风能、生物质能和天然气等能源逐步崛起。虽然巴西拥有得天独厚的自然资源，但其水电设施依赖雨水汇集的湖泊，而这些湖泊大多是人工建造的。2021年的干旱灾害导致巴西发生严重的电力短缺，产生了一系列连锁反应：巴西开始大量购买液化天然气——其价格是常规天然气的2倍。这一需求压力蔓延至同样能源紧缺的中国，导致中国也采取了类似措施。结果，原本相对稳定的液化天然气价格大幅上涨。即便没有俄乌战争的影响，能源价格上涨本身也导致了欧洲电价飙升，且涨幅达到了原来的8倍。这一系列事件提醒我们，在能源领域，世界确实是一个小小的地球村，追求能源独立的重要性不言而喻。

既然如此，为什么巴西不建造更多的水电站呢？主要原因在于这一领域的自然资源几乎已经耗尽——尽管按人口规模计算，巴西的能源消费量仅为美国的20%。这意味着巴西亟需寻找新的能源来源。

我曾参加过一个很有意思的会议，会上讨论了另一个关于巴西水力发电的重要问题。与会的两位年轻投资银行家均来自伊塔乌联合银行，这家银行是巴西乃至整个南美洲最大的银行。虽然他们年纪尚轻，但知识渊博、见解独到。会谈中，我向他们请教对巴西未来可再生能源发展的看法。令我惊讶的是，他们认为储能技术作为稳定电网的关键手段，将是未来值得关注的领域之一。

我忍不住挑眉并提问："为什么一个水力发电资源如此丰富的国家还需要储能技术？水坝本身就具备储能功能，可以控制水流和发电量，甚至在必要时可以停止发电。"这个问题用专家的话来说就是："电力互联系统背后的逻辑是最大化利用各种资源的优势，并实现调控发电。当巴伊亚州阳光普照而伯南布哥州风力充足时，太阳能和风能可以满足电力需求。此时，巴西全国其他水电站应该暂时停止发电，而保留下来的水资源可以在太阳能和风能供应不足时提供电力支持。"

他们回答道："你参观过伊泰普发电站吧？这座大坝建设于1975年，确实具备储能功能。但当下由于环保人士以环境保护为由提出强烈反对，类似的项目已难以推进。因此，新的水电开发主要依赖径流式水电站。"这种水力发电方式主要利用河流自然流动产生电力，不需要建立大型水库，这也意味着它们无法提供对电网至关重要的储能功能。换句话说，我参观过的伊泰普发电站虽然具备储能能力，但目前已经不足以维持巴西电力系统的稳定。

确实，巴西政府在亚马孙地区兴建水电站的计划遭到了全面反对。例如，2020年，生态学家菲利普·费恩赛德（Philip Fearnside）在《纽约时报》发文指出，大坝建设会对生态系统造成严重破坏，呼吁巴西应更多依赖风能和太阳能。许多环保人士或组织也持有相同的立场。根据巴西政府2022年公布的一项计划，到2031年，水力发电在巴西电力结构中的比重预计将下降到45%，而太阳能和风能将成为重要的替代能源。

除了环保人士的反对，水力发电的模式并不具备可复制性，因此其增长也面临一定的局限性。具体而言，水力发电对自然地理条件有特定要求，无法轻易在所有地方推广应用。首先，河流大小和径流强度都需要满足特定条件，才能推动涡轮机发电。其次，地形条件必须具备适当的高度差，才能建设人工水道引导水流发电。因此，尽管水力发电技术仍有改进的空间，但由于其受地理条件限制，无法成为大多数电力的主要来源。

纳哈拉伊姆的老者

利用水流发电在以色列似乎不是一个现实的选项。毕竟，以色列最大的约旦河，在其他国家看来不过是涓涓细流，甚至很难在地图上标出。水流量——也就是河流在任何特定点的瞬时流量——是衡量水力发电潜力的关键指标。以伊泰普水电站所在的巴拉那河为例，其流量约为每秒2万立方米，而约旦河的平均流量只有每秒16立方米，两者完全无法相提并论。与其他国家相比，以色列的地形高度差较小，缺乏大规模利用水流高度落差进行水力发电的自然条件。

然而，以色列历史上确实有一位工程师出身的创业家考虑过利用水流发电，不仅如此，他还成功将这一设想付诸实践。他就是平夏斯·鲁滕伯格（Pinhas Rutenberg），他被称为"纳哈拉伊姆（Naharayim）的老者"。平夏斯是以色列电力公司的创始人，1932年，他在约旦河与亚尔穆克河（Yarmouk Rivers）交汇处建造了一座水力发电站。通过建设水坝和运河系统，他利用两条河流之间的高度差，形成了一个人工瀑布，驱动两台涡轮机发电，总装机容量为12兆瓦。次年，他新增了一台涡轮机，将发电总容量提升至18兆瓦。

站在今天看历史，18兆瓦的发电量似乎不值一提，如今一座普通规模的太阳能发电设施就可以生产18兆瓦的电力，而以色列目前的装机容量已经超过21吉瓦。但在当时，这已是相当可观的电力规模。以色列当时仅有的3座重油电站，分别位于海法、特拉维夫和提比里亚，3座发电站加起来也只能提供3兆瓦的电力。

纳哈拉伊姆水电站的运营显著提升了以色列的电力供应量，促使早期的发电站停止运行，进而减少了运营成本并降低了环境污染。尽管建设纳哈拉伊姆电站需要大量的前期资金投入，但一旦建成并投入运营，利用水流发电几乎不再需要额外的燃料成本，因此电力的生产成本非常低。基于这一点，鲁滕伯格决定将电价降低40%。

不过现实情况表明，扩建纳哈拉伊姆水电站并不具备经济效益。以色列的电力需求不断增长，后来新建的发电厂依然选择使用重油作为能源，而没有继续扩展水力发电。1948年，纳哈拉伊姆地区被约旦占领，纳哈拉伊姆水电站被迫停止运行。为了填补这一空缺，特拉维夫市的雷丁发电厂（Reading Power Plant）新增了发电机组以继续满足电力需求，这也标志着以色列的水力发电发展正式结束。

来自死海的电力：西奥多·赫茨尔的愿景

这是否意味着终结？尽管缺乏像巴西或挪威那样丰富的

水力资源，但特殊的地理条件表明，以色列仍然有机会开发利用重力势能将水流转化为电力的发电站。以色列南部的死海是世界上最低的地方，这里的高度差在能源开发方面有很大的潜力。早在1896年，西奥多·赫茨尔①就与其商人好友约翰·克瑞穆尼斯基（Johann Kremenezky）讨论过在这个区域建造发电厂的构想：

> 我与电力专家克瑞穆尼斯基进行了深入讨论。由于死海富含盐分和矿物质，沿海地区具备发展大型化工产业的潜力。目前流入死海的淡水资源可以通过改道用作饮用水供应。为了补充因淡水改道造成的水量不足，可以通过修建运河从地中海引水至死海。由于死海周围有山脉，部分运河可能会建在地下，而这一部分运河的地下设计将有望成为全球瞩目的焦点。地中海与死海之间存在显著的高度差，这种高度差可以被用作天然的势能来源，通过类似瀑布的水流产生机械动力，进而驱动涡轮机或其他设备发电。这预计能够产生数千马力的能量。

赫茨尔对这一构想深感兴趣，并在他的著作《新故土》

---

① 西奥多·赫茨尔（Theodor Herzl）（1860—1903），奥匈帝国犹太裔记者、政治家，现代政治上锡安主义的创始人。

（*Altneuland*）中写道：

死海像一面深蓝色的镜子展现在他们眼前，耳畔响起了浩浩荡荡的奔腾声——那是运河的水流穿过隧道，从地中海奔涌而下的怒吼。大卫简要地解释了这项工程的计划。众所周知，死海是地球表面的最低点，比地中海的海平面低394米。将如此巨大的高度差转化为动力源，是再简单不过的构想。运河提供了大约5万马力的能量。……

现在他们来到了发电站前。从杰里科①一路驱车下来，他们还没有完整看到死海的全貌。而此刻，死海在阳光的映照下泛着湛蓝，辽阔无边，宛如日内瓦湖般静谧宽广。

在他们站立的位置不远处，北岸的狭长陆地从岩石背后探出。运河的水流在此倾泻而下，激荡起震耳欲聋的回响。下方是涡轮机棚，上方是大片的工厂建筑。

确切地说，沿着死海的海岸线，目光所及都是大型制造工厂。那些铁管将奔腾的运河水引向涡轮机，此情此景，不禁让金斯科特联想到恢弘的尼亚加拉大瀑布水电站。

死海沿岸约有20根这样的巨大铁管，等距离地从岩石中延展出来，垂直连接至下方的涡轮机系统，犹如一座座

---

① 杰里科（Jericho）位于巴勒斯坦。

奇异的烟囱。铁管里传来高速水流的轰鸣声，水流与水面碰撞激起白色的泡沫，声音和视觉效果共同传达了这一工程的庞大规模。他们走进了其中一座涡轮机棚。

弗里德里希被眼前的庞大发电工程深深震撼，而金斯科特在这些工业装置的喧嚣中却显得十分自在。金斯科特嘶声呐喊着，声音被淹没在机器的轰鸣中，没人能听清他在说什么。但从他的表情可以看出，他此刻非常心满意足。这确实是一幅壮观的景象，宛如古希腊传说中的巨人之作——水流猛烈撞击着涡轮机的巨大青铜辐条，驱动它们飞速旋转。在这里，被驯服的自然之力通过发电机化作无形的电流，通过电缆输送到全国每一个角落。这片"新故土"被赋予了新生命，成为贫穷者、羸弱者、绝望者以及流离者的家园与乐园。

"我仿佛被这伟大的力量压垮了。"弗里德里希终于开口感叹道。

"不，"大卫郑重地回应说，"这些伟大的力量没有将我们压垮，而是将我们托举而起！"

地中海—死海运河项目，旨在实现为死海引水同时发电的双重目标，这一设想多次被重新提上议程。1974年石油危机爆发后，以色列政府成立了一个特别委员会，专门评估运河建设的可行性，最终结论认为，该项目具备实施的条件。3年后，尤瓦尔·尼曼（Yuval Ne'eman）教授牵头的指导委员会提出几条运河建设路线建议，尤其是从地中海延伸至约旦河的方案。然而，这一计划却因种种原因被搁置。对此，尼曼教授未能掩饰他的失望："以色列还没有达到能够完成类似全国输水系统①等重大项目的成熟度。"

21世纪初，为了推动以色列和约旦和平条约的进一步落实，红海—死海运河建设计划的设想被正式提出，旨在实现发电和海水淡化的双重功能。这条运河路线虽然更长、成本更高且面临更多技术挑战，但由于不希望依赖以色列的供水，约旦选择了这一方案。这个计划一次次被提上谈判议程，却又因种种原因被一次次搁置蒙尘。

随着隧道技术的进步与施工成本的降低，以隧道方案取代运河工程的构想应运而生。2016年，以色列电力公司、以色列水务公司麦克洛（Mekorot）以及一群开发商共同提出了一个计划，拟开凿一条从阿什克伦延伸至内盖夫，再从内盖夫通往死海的隧道。该项目预计耗资30亿美元，全部资金由开发商承担，而不是由国家财政拨款。

---

① 以色列在1964年建成了用于灌溉施肥的全国输水系统，全国耕地中大约有一半以上应用加压灌溉施肥系统，包括果树、花卉、温室作物、大田蔬菜和大田作物。

　　这个隧道建设项目的计划装机容量为1500兆瓦，然而，由于环境保护方面的强烈反对以及以色列与约旦合作的红海—死海输水项目的重新谈判，这一隧道项目未能付诸实施。如果以色列单独推进一项未与约旦合作的计划，而该项目又会影响到约旦的区域利益，那这个项目势必遭到约旦的强烈反对。

　　然而，我们不应悲观地认为这是以色列水电项目建设的终点。相反，我们应积极地探讨其他可行方案，例如，通过在耶斯列谷和贝特谢安地区修建一条较短的隧道，将水引入近年来逐渐干涸的死海。此外，我们也可以考虑实施海水淡化项目，再以公平的价格将水出售给迫切需要水源的约旦和沙特阿拉伯，满足其人口与农业用水需求。我们应继续追寻梦想。

第6章 风"驰"电"掣"①：
全球与以色列的风能

利用风能驱动涡轮机的概念非常原始且朴素。如果有风，为什么不利用它来产生能量呢？然而，概念的简单并不意味着实际应用的可行性。风能经历了漫长的发展过程，才逐渐成为具备经济可行性的可再生能源解决方案。

在多年技术革新和政策扶持的推动下，风能终于迈入主流能源行列，成为全球能源体系的重要组成部分。2004年，全球风能发电量仅占电力总量的不到0.5%。到2007年，这一比例增长至近1%，并在2011年再次翻倍。至2017年，风能已占全球电力生产的4.45%。至2021年，风能发电占全球电力的比重进一步提升至接近7%。

部分国家在风能发电领域的表现尤为出色。丹麦是其中的佼佼者，截至2022年，该国近一半的电力供应来自风能，这一成就部分归功于它在海上建设并维护的大型风力涡轮机群。此外，丹麦还会将高峰时段产生的剩余电力出售给邻国。

---

① 原文使用了"There she blows"的表达，这一短语源自19世纪美国小说家赫尔曼·梅尔维尔1851年发表的长篇小说《白鲸》。在小说中，鲸鱼喷出水柱时，水手们会欢呼："There she blows！"（它在那儿喷水喽！）意指某种重大现象或自然力量的突然显现。

其他在风能利用方面表现突出的国家还包括乌拉圭，风能已占该国电力供应的32%；爱尔兰、立陶宛、葡萄牙和西班牙的风能发电占比分别为30%、28%、27%和23%；英国和德国则各有20%的电力来自风能。

风能与太阳能相得益彰，因为风往往在太阳落山后开始吹拂，而阳光则主宰白昼。以色列诺法尔能源公司与诺伊基金在西班牙合作的项目成功安装了总计408兆瓦的太阳能电池板。但这个项目无法实现全天候持续供电。事实上，太阳能系统平均每天只能有效运行约5.7小时，其余大部分时间，电网都处于闲置状态，未能承载任何电力传输。这意味着尽管电网具备传输能力，但由于电力来源不足，电网的潜力被大量浪费，未能发挥应有的效能。

长时间闲置引发的电能浪费现象引起了西班牙监管部门的关注。他们启动一项计划，允许我们将风能并入现有电网，同时配备储能设施。夜间的风力与白天的阳光相互补充，交替为电网注入能量，提升了整体能源利用率。

诺法尔能源公司从未涉足以色列的风力发电领域，主要有两个原因：

第一，风力发电项目的规划时间过长。在屋顶和水库太阳能设备安装领域，诺法尔能源公司能够快速完成项目的前期准备并推进建设，相比之下，以色列的风力发电项目规划通常需要数年才能完成。例如，以色列光线可再生能源有限公司（Enlight Renewable Energy Ltd.）的"眼泪山谷"风力涡轮机组项目从设计到实施就耗费了10年时间。每当诺法尔能源公司内部探讨风能相关的话题时，我总是半开玩笑地说："我这把年纪已经等不起了。"

第二，每个国家的自然条件决定了其能源选择。2014年我前往芬兰考察时，特别要求参观一座已经投入运作的风力涡轮机。接待方带我参观了一座当时在设计和技术上都处于最前沿的风力涡轮机（这种设计和技术如今已成为行业标准）。我记得自己走进控制室时，外面是零下20℃的严寒，厚厚的积雪覆盖着大地，四周是一片庄严的宁静。控制室的数据屏幕清晰显示出涡轮机产能与风速之间的关系：当风速增加1倍时，涡轮机产生的能量增加了8倍。这一清晰且精确的数据表明，涡轮机最佳运转所需的风速远超以色列的风力条件。在风能产出与成本效益极不匹配的情况下，以色列追求风能开发并不合适。

以色列的阳光资源充足，而风能资源却很有限，只有基利波（Gilboa）等少数地区适合建设风力涡轮机，并且这些地区已开始利用风能了。

然而，以色列国内反对风力发电的声音一直存在，甚至比其他国家更强烈。我清晰地记得，我和已故的妻子塔莉

（Tali）曾于2010年徒步至一个旧风电场，那时我尚未进入可再生能源行业。这座旧风电场的涡轮机建于1992年，技术远远落后于当时的标准，而且发电效率很低。我询问现场工作人员为什么不更新设备，他们的答复让我大吃一惊："因为绿党①反对。"显然，环保活动人士反对任何提升风力发电效率的改进措施。

以色列自然保护区和公园管理署是主要反对者之一，他们指出，以色列是许多鸟类迁徙的重要走廊。根据管理署的说法，风力涡轮机对鸟类存在潜在威胁，尤其当它们恰好就安装在适合鸟类迁徙的风道上时。反对的浪潮在2022年7月进一步升级，时任环境部部长的梅雷兹党②议员塔玛尔·赞贝格（Tamar Zandberg）宣布，所有新建风力涡轮机的计划将暂停5年。讽刺的是，这位部长的公共议程原本特别强调大幅减少煤炭和天然气在能源生产中的使用，但她却反对了可以推动以色列迈向清洁能源的方案。

风力涡轮机会对鸟类造成伤害吗？确实有这种可能性，但为了减少这种影响，现代风力涡轮机配备了价格不菲的雷达技术。当系统探测到鸟类接近时，涡轮机会自动停止运转，

---

① 绿党是提出保护环境的非政府组织发展而来的政党。
② 梅雷兹党是以色列左翼政党，成立于1992年，主张社会自由、和平与环境保护。

避免对鸟类造成伤害。能源部的声明引用了所谓的"预防原则"[①]，并表达了"审查风力涡轮机对鸟类种群在这一区域的累积影响"的态度。既然如此，同样的关注也应该延伸到继续使用污染更严重的化石燃料所带来的环境危害和累积影响。"预防原则"不过是"不作为"消极政策的变体，既缺乏有力的论据，也缺少实质性的数据支撑。

此外，风力涡轮机因多种原因引发了当地居民的强烈反对，其中包括噪声、光线闪烁和不利于身体健康等指控。一对比利时夫妇曾针对邻近其住所的风力发电场提出了损害健康的指控，并在2021年11月获得了法国法院的判决支持。这对夫妇表示，在过去两年多的时间里，风力涡轮机导致他们出现了头痛、失眠、心脏问题、抑郁、恶心等症状。尽管他们未能提供确凿的证据证明这些症状与风力涡轮机的位置直接相关，法院仍判决他们获得11万欧元的赔偿。

目前全球已经安装了数十万台风力涡轮机，但至今没有证据表明它们会导致健康问题。澳大利亚的一项研究表明，居住在风力涡轮机附近的居民对健康问题的投诉，可能更多源于心理因素，而非涡轮机本身。具体而言，居民在与风力涡轮机的抗争过程中产生了心理压力和焦虑，相信这些健康

---

① 这种决策原则认为，在缺乏确定性的情况下，应该采取预防措施以避免潜在的危害。

问题是由涡轮机引发的。事实上，如果一个地区的风力涡轮机项目得到了居民的合作与支持，当地的健康投诉数量也会大幅减少。

光线闪烁指的是风力涡轮机的旋转叶片遮挡阳光而产生的光线强度变化。光线闪烁现象确实存在，但并不足以成为否定风力涡轮机的理由。让风力涡轮机的位置与居民区保持足够的安全距离，或者向受影响的居民提供经济补偿，使其参与风电项目的收益分配，这些问题带来的不利影响都可以得到有效解决。

尽管如此，以色列在加利利等地区建设风力涡轮机的计划仍然遭到来自当地居民、环保组织和监管机构的反对。或许，这个问题的解决方案可以参考其他国家的做法。在英国、中国、德国和荷兰，大型海上风电场已经投入运营。这些风电场利用海上强风且远离居民区，因此遭到的反对较少。

那么，以色列是否适合建设风电场呢？在一份发布于2002年11月的报告中，来自以色列理工学院塞缪尔·尼曼研究院的研究团队对全球各地已建和规划中的风电场进行了经济可行性分析。研究结论认为，在以色列近海区域建设风力涡轮机在经济上暂不具备可行性。然而，研究人员补充了一个关键前提："随着燃料价格的上涨，以及由技术进步和市场扩展带来的风力涡轮机建设和运营成本的下降，未来可能需要重新评估在以色列近海区域建设海上风电场的可行性。"

经过20多年的技术进步和市场扩展，之前对这些领域的预测已经逐渐成为现实，因此，重新评估在以色列近海区域建设大型风电场的可行性已具备合理性。风电场项目也许会在解决特拉维夫地区未来10年可能面临的电力危机方面发挥重要作用，因此这个问题值得进一步深入探讨。

特拉维夫地区的电力需求增速居以色列首位。随着高层建筑不断涌现，新增的用电需求加剧了对现有基础设施的压力，电网已接近满负荷运转。预期的用电增长对以色列电力公司构成了严峻挑战：特拉维夫的电力需求已经超出了当前电网的供应能力，且无法再从其他区域输电来缓解需求压力。这个问题有两种可能的解决方案，一种是在市中心建设高污染的发电厂，另一种是通过分布式发电和储能技术来缓解供电压力。

为了应对日益增长的电力需求，以色列电力公司计划在特拉维夫近海区域建设大型浮动式太阳能岛。鉴于我在浮动式太阳能系统安装方面的经验，他们邀请我对这一计划进行可行性评估。但我认为这一方案并不理想。不同于平静稳定的池塘或水库，海浪的持续波动可能会影响浮动式太阳能系统的稳定性和效率。相反，风力发电场的情况则完全不同。

即使在北海这种波涛汹涌的环境中，风力发电场仍能稳定运行。因此，在海况相对平静的地中海，风力发电场的运作也是完全可行的。如果在近海区域建造风力发电场，它可以在电力需求高峰时直接为特拉维夫地区供电，从而避免加剧现有输电线路从以色列边缘地区向市中心传输电力时的拥堵问题。海上风电场或将成为以色列新电网的重要补充。

第7章 地热能：来自地球内部的能量

虽然本书的重点在于太阳能，但另一种来自地球深处的强大能源同样不容忽视。地核距离地表2900多千米，温度更是超过了5000℃，这是难以想象的高温。这一热能部分来源于地球形成时残留的初始热量，部分源于放射性同位素持续释放的热能。随着从地心到地表距离的增加，地球内部的热量逐渐向外传递并扩散，温度逐步下降，因此我们在地表不会感受到炽热的温度。然而，在某些特殊的地质条件下，地球深层的热量会通过岩石裂隙和构造活动向上迁移，并以火山喷发的熔岩、间歇泉喷发的高温水流，或是通过地下水传导形成的温泉等形式释放到地表。

这种能源就是地热能，蕴含着巨大的开发潜力。如果我们能够合理地对此加以利用，它将为人类提供源源不断的动力，满足日益增长的能源需求。

利用地热能供暖可以追溯到古代。《密释纳》记载，提比里亚的居民将冷水管道置于提比里亚温泉的热水通道中自然加热。人类自古以来就善于利用地下的自然热源为热浴室供暖，不仅在提比里亚，世界的许多地方也同样依赖这种天然的能量。

　　地热能系统可以实现建筑物的供暖与供冷。其工作原理如下：首先，在温度相对恒定的地下深处安装管道。接着，这些管道通过传输水或防冻液形成一个闭环系统，液体在建筑物和地下之间不断循环流动。在冬季供暖季节，地下温度高于地表温度，循环液体在地下吸收热量后流回建筑物内部，从而为室内供暖。在夏季供冷季节，地热能管道系统反向运行，室内热量被循环液体吸收并传导至地下，这些液体在地下较低的温度环境中释放热量，从而实现建筑物的降温。

　　虽然这类系统的运行需要电力，但从能源效率的角度来看，它远比传统的供暖与供冷方式更为高效。在以色列北部的拉马特·哈纳迪夫纪念花园（Ramat HaNadiv），深达40米的竖井系统将地下恒定温度（21.7℃）传输到建筑内部，感兴趣的人可以前往游客中心体验这种独特的地热空调。

　　在某些地质条件下，利用地热能发电的过程并不复杂。例如，当地下水因为特殊的地质构造而被加热到沸腾温度时，高压蒸汽开始形成并逐渐积聚，最终以强大的力量从地表喷发，形成了间歇泉的壮丽景象。我们可以将地表喷发出来的高温蒸汽或其周围的沸水引导至涡轮机，驱动涡轮机旋转并产生电力。即使在那些沸水接近地表但并未喷出的地区，我们仍可通过类似的方式利用地热能：通过泵系统将地下热水抽出，然后将其热能转化为驱动涡轮的动力，最终实现发电。

1904年，皮耶罗·吉诺里·孔蒂王子在意大利托斯卡纳南部的拉德瑞罗地热田创建了世界第一座地热电站。这座实验性设施成功产生了10千瓦功率，点亮了5个电灯泡。这个看似微不足道的开端为地热发电的未来奠定了基础。1913年，这座地热电站实现了商业化运营。如今，托斯卡纳总共有34座地热电厂，每年共生产约5000吉瓦时的电力。在世界的另一端，北加州的间歇泉是全球最大的地热田，那里共有18座发电厂投入运营。截至2018年，该地利用间歇泉的蒸汽，每年产出6515吉瓦时的电力。

冰岛是另一个充分利用地理优势开发地热能的典范。和许多国家一样，20世纪70年代的石油危机促使冰岛寻求摆脱对石油的依赖，转而大力发展地热能源。如今，冰岛的电力供应约1/3来自地热发电，其余大部分来自水力发电。这种可持续能源体系使冰岛的电价非常经济实惠，吸引了全球的重工业企业和加密货币矿商前来投资。

地热能领域的研究专家正致力于在全球范围内最大限度地推广这一能源的应用，这是将地热能融入全球能源结构的关键举措。自1904年首次成功利用地热能以来，不同类型的地热能技术已在多种应用领域取得了显著进展。随着技术的进一步突破和更广泛的应用，地热能有望进入一个重要的变革阶段。为了更好地理解这些进展，我们有必要深入探讨地热能的不同利用方式，以及近年来在该领域取得的技术突破。

静水流深

　　大多数从地球内部获取能量的项目都离不开深层钻探技术，这种技术与石油和天然气的开采方法非常相似。钻探技术基于"地热梯度"，即地球内部温度随着深度增加而升高的速度。通常，每向地下钻探1千米，温度上升约28℃。因此，我们可以通过深层钻探到达地球内部温度极高的区域，从而有效地利用这些地层中的热量进行能源生产。尽管钻探深度受限于技术条件——过度钻探可能导致设备在极端高温下受损，但随着钻探技术的持续进步，钻探能力正在逐步提升，地热资源的开发潜力也在不断扩大。

　　传统的地热能开发方法主要依赖寻找地下温度足够高的水源，再通过泵将热水抽出地表用于供暖。地热资源能否有效开发的一个关键地质条件是渗透性，即地下水是否能够穿透到深层的热岩层并充分吸收其热量。只有在渗透性良好的地质结构中，地下水才能与高温岩石接触，吸收足够的热量，从而形成可利用的高温水源。

　　目前，闪蒸法（flash steam）是地热发电最常用的技术之一。在这一过程中,人们将温度超过180℃的高压液体从地下泵送至地表,然后转移至低压储罐中。由于压力骤降,液体瞬间蒸发并产生高压蒸汽。这种蒸汽随后被用于驱动涡轮机,进而通过发电机产生电能。蒸汽冷凝回液态后,会被再次注入地下储层,循环利用。这种技术具有显著的资源可持续性,能够有效避免对地热储层的过度开发,确保储层在几十年内保持稳定供能。

当地下缺乏足够的高温沸水资源时,二元循环法(binary method,又译双循环法)就是一种有效的替代方案。与传统的地热发电技术相比,二元循环法对温度的要求较低,只需要将液体加热到大约150℃即可。二元循环法通过利用一个闭环系统,将泵送出的高温液体与一种沸点较低的工质①接触。由于工质的沸点较低,它能够在相对较低的温度下迅速蒸发,形成蒸汽,进而驱动涡轮发电。虽然二元循环法的热能转换效率相对较低,但其显著优势在于适用范围广泛,这对地热能的开发与应用至关重要,具有显著的经济价值和推广前景。

---

① 工质指在热力学循环中用于传递热量的流体。它通常是在特定温度和压力下能够发生相变(如从液态转变为气态)的物质。通过这种相变,工质能够吸收或释放大量的热能。

全球地热能开发的挑战

具备稳定生产地热能的地质条件在全球范围内相对稀少。首先，岩层必须具有良好的渗透性。其次，地下需要有一个储水层来维持循环。此外，还需要有其他地质条件来捕获并保持地下的热量。即使经过详细的地质调查，仍需要进行大量的试探性钻探，才能找到理想的地热资源区。

以色列奥玛特科技公司专注地热能开发，已在全球多个地点开展项目。他们在全球各地寻找具有独特地质特征的区域，并在这些潜在地点钻探。然而，与石油和天然气钻探类似，地热能钻探犹如一场充满不确定性的豪赌：钻探过程可能非常顺利，但也可能由于地质条件不符合而未能成功到达预期的地热资源层。

不过，目前已有多项新兴技术正致力于将地热能的开发从少数特定地区扩展至更广泛的地理区域。如前所述，即便钻探到达高温岩层，地质结构仍需具备足够的渗透性，以确保地下水能够穿透高温岩层，与热岩接触并吸收热量，进而实现电力生产。

其中一种技术称为增强型地热系统。这项技术通过人工制造地下渗透性，解决了地层天然渗透性不足的问题。具体操作是通过将工具插入地下深处，并施加液压压力，使岩层震动并产生裂缝，进而形成理想的渗透性。其中一种常用方法是向高温地下储层注入冷水。冷水与高温岩石之间的剧烈温差会导致岩层出现裂缝，从而提高渗透性。

但是，如果只发现高温岩层而没有找到自然形成的储水层，我们又该如何利用地热资源呢？当前正在开发一种通过人为注水来利用地热资源的新兴技术。发电厂将水注入地下的高温岩层，水与炽热的岩石接触后被加热，然后被泵回地表，用于驱动涡轮机发电。发电过程结束后，冷却的水再次被泵入地下，形成一个闭环的循环系统。这种技术显著拓展了地热能的应用范围，使其不再局限于具备自然储水层的地区，几乎可以在全球范围内应用。

在这一领域，最前沿的突破来自加拿大阿尔伯塔省的埃沃尔技术公司（Eavor Technologies）。他们钻探了深达数千米的井，并用密封管道将这些井连接起来。管道中的液体在岩石的高温作用下被加热，并由于热虹吸效应——温差导致液体不断流动——实现自发循环流动，无须借助外部泵。我们的家用太阳能热水器系统同样利用了热虹吸效应。

该系统主要利用在管道内流动的液体，避免了对地下水资源的依赖，因此不需要寻找特定的储水层地质位置。同时，它也规避了使用增强型地热系统技术向地下注水可能引发地震的风险。埃沃尔技术公司已在加拿大阿尔伯塔省建成了一座实验设施，该设施自2019年以来一直在顺利运行。此外，公司还在全球范围内启动了多个项目。这项技术的显著优势在于其几乎可以在全球任意地点部署，极大地扩展了地热能的应用潜力。

可再生能源的圣杯

地热能有望成为可再生能源中的圣杯[①]：零环境足迹、全球范围内的广泛适用性、稳定且持续的基荷电力，以及可调度性，即根据需求灵活调整电力生产。

进一步说，尽管可再生能源是未来能源转型的关键，但它们往往伴随着较大的环境影响。太阳能需要大面积的土地；风力发电可能干扰候鸟迁徙，并引发环保组织及附近居民的抗议；水力发电可能改变河流流向，显著影响生态系统和景观。相比之下，地热能的环境足迹很小。它主要依赖垂直钻探，不占用大量地表空间，也不会破坏自然景观。

在全球推广地热能的重要性显而易见。虽然水力发电是一种高效且清洁的能源，但其应用受到地理条件的限制，这种不可复制性导致水力发电难以在全球范围内成为稳定的能

---

① 圣杯是传说中耶稣在最后的晚餐中使用的杯子，被认为具有神奇的力量。现在，它常被用来形容人们追求的最高目标或理想。

源支柱。风能发电的应用存在同样的局限性。这一对比凸显了太阳能发电的优势。它几乎可以在全球任何地方使用，尽管日照强度和持续时间因地理位置而异，但太阳能系统具有更大的适用性和灵活性。传统地热能的引用也存在局限性，然而随着新技术的应用，地热能具备了全球推广的关键能力。

在这里，我们需要进一步了解电力系统的两大基本特征：基荷电力和可调度性。其中，基荷电力负责长期维持电网的基础电力需求，而可调度性则确保电网在需求波动时能够灵活调整电力生产。这两者相互配合，共同保障电网的稳定性和耐用性。

大多数可再生能源的发电过程并不具备稳定、持续的特性。例如，太阳能和风能只能在阳光充沛或风力充足的条件下发电，而水力发电也会受到降雨量和河流水量波动的影响，发电能力无法时刻保持一致。相比之下，地热能是少数不依赖天气或其他外界因素的可再生能源之一。地热发电可以实现每周7天、每天24小时、全年365天连续运行。

许多可再生能源在电力系统中的可调度性较差。传统的燃气或燃煤电厂可以根据电力需求灵活启停，从而维持电力系统的平衡。然而，风力涡轮机或太阳能电池板的发电过程无法随时开启或关闭，导致需求波动时无法灵活调整电力输出。当前应对可再生能源发电过剩的常见方法，是"负荷削减"，即在电力供应过剩时，限制或丢弃多余的电力产出。
而在电力需求增加时，可再生能源往往无法立即提升电量生
产能力。尽管储能技术能够在一定程度上解决这个问题，即
通过存储过剩电力以备后用，但这一技术仍然存在成本和规
模化应用的挑战（我们稍后将对此深入讨论）。相较而言，
地热能具备更好的可调度性。通过控制热能提取速度，未被
立即使用的能量可以保持在地下储层中，等出现电力需求增
加的情况时再加以利用。

任何同时具备前述两大基本特征的可再生能源，都可能
成为应对马尔萨斯陷阱的终极解决方案，即有效解决资源的
有限性与需求的无限增长之间的矛盾。地热能具备解决这一
能源挑战的潜力。

到目前为止，地热能发电厂面临的主要障碍在于高昂的
初期成本和稀缺的理想开发地点。现有的商业技术只能在少
数具备特定地质条件的区域应用，全球适合地热能发电的地
质构造并不常见。此外，钻探成本也是一大瓶颈。地热发电
虽然具备长期稳定的电力供应能力，且可以在多年运行后回
收成本，但其发电量相对较低，导致单位成本偏高。

石油和天然气钻探技术的进步，为地热能开发领域提供
了新的突破。一旦先进的钻探技术能够让人降低对特定地质
构造的依赖，那么地热能发电将具备商业可行性，在全球不

同地区广泛应用。随着技术的推广和应用，地热能的价格将因为经验曲线①效应而进一步下降，使其成为更具经济吸引力的能源选择。随着有关领域研究的推进，地热能有望成为未来全球能源结构的重要组成部分，发展前景十分广阔。

以色列的地热能发展潜力如何呢？2009年，以色列地质调查局的埃亚勒·沙莱夫（Eyal Shalev）博士与奥玛特科技公司合作开展的一项研究表明，钻探至地下约3千米的深度，即可利用地热资源发电。虽然以色列目前尚未采取实质行动开发利用这种潜力，但没有理由在未来也不利用。如果新技术成熟，以色列的其他许多地区或许也能够建设地热能设施。无论如何，我们应将地热能视为清洁可再生能源的重要组成部分，并持续关注这一领域的进展。地热能有望在全球向清洁、经济、可持续能源转型的进程中发挥积极作用。

---

① 经验曲线（experience curve）是一种表示企业生产成本随着产量增加而降低的曲线，主要原因是企业在生产过程中积累了经验和技能，提高了生产效率。

第8章　核能的两面性讨论：
可再生能源的曙光还是阴影

　　自从人类发现原子裂变能够释放巨大能量之后，核能发电的前景便备受关注。核能或许可以帮助人类摆脱马尔萨斯陷阱。铀是一种广泛存在于自然界的元素，但其中真正能用于核裂变的，是一种叫作铀–235的稀有同位素，约占天然铀的0.7%。尽管如此，铀–235的能量转换效率极为显著。1千克煤只能发电8千瓦时，而1千克铀–235可以产生2400万千瓦时的电力，相当于煤的300万倍。尽管从天然铀中提炼铀–235是一个耗时且资源密集的过程，核能的转化效率仍然远远超过传统化石燃料：1千克天然铀能够提供约45000千瓦时的电力，相当于14000千克煤的发电量。简单来说，核反应堆就是利用放射性裂变释放的热量来发电。

　　除了能源密度高，核能的另一大优势在于其低污染性。与燃煤等传统化石燃料不同，核能几乎不会产生二氧化碳或其他有害的局部污染物，极大减少了对大气环境的影响。从某种角度看，核能确实是一种几乎完美的能源解决方案。

　　核能是绿色能源吗？这是环保领域最具争议性的问题之一，其意见分歧甚至比对风能的还要严重。2022年6月，面对欧洲日益加剧的能源危机，欧盟决定将核能与天然气共同归类为绿色能源。这一决定引起了各方的强烈反对，欧洲的环保组织甚至对这一决定提起了法律诉讼。

与天然气相似，核能依赖有限的燃料资源，因此并非严格意义上的可再生能源。尽管铀具有极高的能量密度，但核反应堆中的铀棒需要定期更换，通常每年或每两年更换约1/3。此外，铀的市场价格也呈现逐步上升的趋势。然而，关于核能的讨论不仅限于环境问题，还涉及安全性和经济性。因此，核能能否成为全球及以色列的首选能源解决方案，仍需考虑多重因素，审慎评估。

法国是世界上积极推动核能发展的国家之一。20世纪50年代，法国工程师曾帮助以色列建造了迪莫纳核反应堆，因此以色列对法国在核技术方面的专业知识和技术能力有着深刻了解。1974年，在全球石油危机的背景下，法国政府采取了核能战略以降低对外国能源的依赖。20世纪70年代和80年代，法国兴建了大量核反应堆，到80年代末，法国约75%的电力供应主要来自核能。由于核能的稳定性和高效性，法国不仅能够满足国内的电力需求，还能将多余的电力出口到其他国家，成为全球最大的电力出口国。日本是效仿法国核能发展模式的国家之一。截至2010年，核电占日本全国电力生产的30%。然而，2011年的福岛核事故彻底改变了这一局面。

2011年3月11日下午2点46分（日本时间），日本本州岛附近海域发生了历史上最强烈的地震之一，震级达9.0（按照矩震级标准，而不是传统的里氏震级^①）。地震引发了15米高的巨型海啸，巨浪肆虐沿岸，造成了长达11小时的持续破坏。巨浪无情地摧毁了房屋、车辆及沿途的一切。此次地震与海啸共造成超过1.5万人遇难。

地震发生之后，距离震中约75千米的福岛第一核电站迅速启动了紧急预案。在地震探测系统被触发的瞬间，自动程序便立即停止反应堆的发电，同时启动柴油发电机为冷却系统提供动力，以避免反应堆的堆芯过热。但仅仅过了45分钟，海啸浪潮便猛烈袭击了核电站。

巨浪冲破了原本为抵御较小规模海啸而设计的防护墙。海水迅速淹没核电站，摧毁了紧急发电机所依赖的海水泵。大部分备用电池也在洪水中损毁，反应堆失去了电力供应，温度急剧上升，最终导致了一系列爆炸，释放出大量放射性物质。由于担心核辐射灾难，日本政府迅速开展了大规模的紧急疏散行动，撤离了该地区约15万名居民。虽然这场行动避免了更严重的灾难，但疏散过程本身也导致了数千人

---

① 里氏震级适用于震中附近的地震波，尤其是10~600千米范围内的震源。矩震级可以准确衡量从小地震到超大地震的能量释放情况，适用于全球各地不同类型的地震。

伤亡。

这场核灾难导致日本不得不紧急叫停所有的核能计划。在此之前，日本在核能领域投入了大量资金，是全球第三大核能消费国，但这场灾难在一夜之间彻底改变了这一局面。日本迅速关闭了所有核反应堆，其中不少被永久停运。2012年5月5日，最后一座反应堆（编号50号）也停止运转。尽管这并不标志着日本核能的彻底终结，但日本国内的反核运动将其视为巨大的胜利。当天，数百名反核人士走上东京街头，举着标语庆祝日本核能时代的结束。

理想主义的反核人士并非这场运动的唯一庆祝者。在核电退出的同时，日本不得不依赖更加昂贵且污染更严重的能源替代品，液化气和煤炭生产商因此在这场能源转型中获利颇丰。同时，日本也在积极探索摆脱化石燃料依赖的经济新方向，决定加大对氢能技术的研发力度，关于这一点我们将在后文中进一步探讨。

福岛核事故同样成为其他国家能源政策的分水岭。这场灾难发生的几个月前，德国政府宣布了能源转型计划，该计划旨在使德国逐步摆脱对化石燃料的依赖，转向发展风能和太阳能。该计划最初曾将核能视为过渡能源之一，但在福岛核灾难事件之后，数万德国民众走上街头，呼吁关闭国内核反应堆。德国政府顺应了这一呼声，并于2011年5月30日决定停止对核能的支持，承诺在2022年前关闭所有核电站。

作为核能领域的标杆，法国也于2014年决定削减对核能项目的支持，并计划在2025年之前将核能在全国电力供应中的占比降至50%。然而，2022年全球能源危机爆发后，德国和法国的能源政策再次发生转向。德国决定延长其最后3座核电站的使用寿命，而法国总统马克龙则宣布启动"核能复兴"计划，承诺在2050年前建造6座新的核电站。

在福岛核灾难之前，另一场更为严重的核事故已经对核能发展产生了深远影响。1986年4月26日，苏联切尔诺贝利核电站发生了灾难性事故。事故中释放的辐射直接导致约50人死亡。据估计，在此后的几十年间，辐射还造成了数千人死亡。

这场灾难的恐怖后果促使意大利政府在次年决定关闭所有核反应堆。同样值得一提的是，1979年3月28日，美国三哩岛核电站发生部分堆芯熔毁，导致放射性物质泄漏到大气中。尽管此次事故未造成人员伤亡，但此后多年，美国停止了新核反应堆的建设。

这些灾难事件究竟说明了什么？许多人认为，这表明核能是一种极具危险性的能源，因此应当彻底废止。然而，核能支持者对此提出了强有力的反驳：现代核反应堆的设计远比切尔诺贝利时代更为先进和安全；而福岛核事故本身并未直接造成任何人员伤亡——相比之下，海啸却导致了超过1.5万人的死亡。

如果按电力生产量来衡量相关的死亡人数，数据显示，褐煤（劣质煤炭）造成的死亡人数为每太瓦时33人，这主要是因为褐煤在燃烧过程中产生了大量污染物，对空气质量和公众健康产生了广泛的负面影响。普通煤炭为每太瓦时25人，石油为18人，生物质发电（通过燃烧有机物）为5人，天然气为3人，水力发电为1.3人，而核能仅为0.03人，意味着每生产100太瓦时的核电，约有3人因相关事故丧生。

这些事故的影响实际上非常深远。其中之一是能源高度集中的问题。核反应堆的高效性意味着每座反应堆能够产生巨大的电力，因此任何一次故障都可能导致整个地区的电力中断。能源过于集中，等同于将所有鸡蛋放在一个篮子里，增加了能源安全风险。

罕见的灾难并不是唯一的隐忧。随着核反应堆老化及维护成本大幅增加，法国的核能革命正面临严峻挑战。2022年，由政府持股84%的法国电力公司发现部分反应堆存在腐蚀及其他导致电力供应中断的问题，造成一半的反应堆长期停运维修。炎热的夏季还带来另一重挑战：部分依赖河流冷却的反应堆因河流水温升高而导致发电效率下降。

因此在2022年能源危机期间，核能并未有效缓解法国居民面临的电价上涨压力。曾是全球最大电力出口国的法国也不得不在当年夏天从邻国进口电力，通过价格高昂的天然气发电来满足需求。

有人可能会问：如果问题在于反应堆老化，那么或许我们应该建造更可靠的新反应堆？这个疑问又引出了核电站面临的最大挑战——建设成本极其高昂。建造一座核电站需要调动数以千计的工人，使用大量的金属和混凝土，还要安装成千上万的组件和系统，以确保供电、冷却、通风、信息传输与控制的正常运行。

核电站建设所需的资金非常庞大，并且受限于漫长的建设周期，从规划到正式运营，通常需要数年时间。建造一座核电站的平均工期约为6年，常常还会因延误或其他问题进一步推迟。在此期间，核电站不但没有任何收入，还要持续支出建设成本和筹资利息。一份报告显示，美国新建核电站的成本大约为每千瓦装机容量6041美元。

实际建设成本往往还会更高。以英国的欣克利角C核电站为例，该项目规划的装机容量为3200兆瓦，自2017年开始建设，原计划于2022年投入运行。但截至目前，该核电站的投运时间已被推迟至2027年，预计建设成本将飙升至约300亿美元，折合每千瓦超过9000美元。

相比之下， 计划在以色列南部的贝尔图维亚（Be'er

Tuvia）建造的以色列电力管理天然气发电厂，其计划装机容量为450兆瓦，建设成本约为6亿美元，折合每千瓦约1300美元。建设装机容量为100兆瓦的太阳能发电设施，成本约为1亿美元，折合每千瓦1000美元。

这些数据清楚地表明，建造核电站是一项昂贵的工程。但是，如果核电站能够运行数十年，其高昂的建设费用是否可以被较低的长期运营成本抵消？毕竟除了采购必要的铀棒，核电站的日常开支非常低，这与水力发电、太阳能和风能的运营情况类似。我一直相信核电站建设的经济逻辑，直到有一天，一位出租车司机让我意识到这一推论中的问题。这促使我重新审视核电站的经济可行性。

在诺法尔能源公司创立的头10年里，我的大部分时间都在路上奔波，参加各种会议。我的年均行驶里程达到了8万千米——考虑到我每个周六（犹太安息日）不驾驶，而且我也不是职业司机，8万千米确实是个不寻常的数目。

诺法尔能源公司与多个基布兹建立了合作关系，由于这些基布兹大多位于以色列偏远地区，因此我对各条道路都格外熟悉。与基布兹达成协议的前期过程，通常包括与业务经理召开各种销售会议和初步会谈。如果能成功引起他们的兴趣并赢得信任，接下来我便会与基布兹的经济管理团队（即董事会）会面，由他们最终批准交易。

　　有一次，我打算自驾前往位于靠近南部城市的以利法基布兹，与他们的经济管理团队会面。但由于车辆故障，我不得不改乘阿基亚以色列航空的航班飞往埃拉特，然后再搭乘出租车前往目的地。20世纪90年代，苏联解体后出现大量犹太移民回归以色列的现象，为以色列带来了许多优秀人才。我还记得那位出租车司机大约60岁，带着浓重的俄罗斯口音，眼神中透露出智慧。出于好奇，我问他移居以色列之前从事什么职业，他说自己曾是一名负责核反应堆建设和运营的核工程师。我接着问他是否还记得相关数据，他点了点头，显然很高兴难得有机会谈论他曾热爱的领域。

　　我想了解在偿清核电站的高昂建设成本后，其日常运行的电力成本究竟是多少。也就是说，与其他能源相比，核电站能否带来显著的成本优势。然而，计算结果让我颇感意外。核电站的运营成本与燃煤或天然气电厂相差不大，但后者的建设成本要低得多。那次旅途中，我意识到核能的成本过于高昂，经济上并不具备足够的优势。

　　我们不应该完全依赖出租车司机的简易计算，哪怕他曾经是一名核工程师。不过，我们可以参考拉扎德投资银行在2021年编写的一份报告。该报告通过一种加权成本方法，综合考虑了不同能源生产方式的初始建设成本、运营成本，以及对平准化度电成本的外部影响。

报告中，拉扎德投行估算现有核电站的平准化成本（即收回初始投资后的运营成本）约为29美元/兆瓦时，略高于联合循环燃气电厂的24美元/兆瓦时。新核反应堆的平准化成本（包括建设费用）则高得多，介于131~204美元/兆瓦时之间。相比之下，风能和太阳能的平准化成本约为40美元/兆瓦时。

值得注意的是，尽管核能领域的技术和运营经验都在不断积累，但其成本不降反升；相比之下，风能和太阳能在过去10年间的成本大幅下降。

除了考虑高昂的核反应堆建设成本和运营成本，我们还必须加上应对潜在灾难的成本。例如，福岛核事故不仅造成了严重的直接影响，还带来了巨大的经济负担。为了应对核泄漏，政府需要疏散受影响的居民，向这些被迫撤离的居民提供赔偿，进行事故后的清理工作，以及寻找替代能源。随着事故处理的持续推进，最初的估算成本不断增加。实际上，日本经济研究中心在2019年3月估计，福岛核事故的清理费用可能达到2500亿~5800亿美元。

一些核能支持者承认核能的成本昂贵，但他们认为，这主要归因于政策。现行法规导致核电站的规划和建设复杂化，不仅延长了项目周期，还推高了成本。此外，严格的监管要求造成运营费用不断增加。这种观点可能有一定的道理，然而已经发生的核事故灾难表明，政府在这一领域的严格监管至关重要。没有人希望在清晨醒来时看到核爆炸的烟云逼近自己的社区。

在当前的核能技术发展背景下，小型模块化核反应堆成为一种新的替代方案，其发电能力为数十至数百兆瓦。小型模块化核反应堆可以在工厂预制，然后由货车运送到指定地点安装，避免建造大型电厂带来的高昂成本和时间延误。其设计理念旨在减少大型核电站复杂系统所带来的安全隐患。不过，小型模块化核反应堆的实际运行经验十分有限，全球目前只有俄罗斯的阿卡德米克·罗蒙诺索夫（Akademik Lomonosov）浮动式核电站投入运行。该核电站位于俄罗斯北极的佩韦克镇。此外，小型模块化核反应堆的成本问题依然突出。相关报告的数据显示，小型模块化核反应堆的平准化成本为66美元/兆瓦时，远高于风能、太阳能或天然气发电的成本。

以色列的核能现状

以色列目前拥有两个核反应堆：索雷克核研究中心的反应堆和位于迪莫纳的内盖夫核研究中心的反应堆。这两个核反应堆并不用于发电，而是主要用于科研（但据外国媒体报道，它们可能还有其他用途）。尽管核能在全球电力供应中占据了约10%的比例，且约旦和埃及等邻国都计划在境内建设核电站，但以色列并未选择这一路径，而是专注于发展太阳能，将其作为天然气的替代和补充能源。

在以色列，有关发展核能的讨论已经持续了几十年，但从未真正付诸实践。早在1958年，就曾有人提议建设核电站；20世纪70年代，以色列甚至与美国进行谈判，商讨引进核反应堆的可能性。以色列最初也曾计划在尼扎尼姆地区建立核电站，但最终这些计划被搁置。

不过，有关核能发展的规划仍在幕后继续酝酿。2010年，以色列电力公司与内盖夫核研究中心签署了一项协议，旨在为未来建设核电站开发工程和技术基础设施。2015年，一个跨部委工作小组提议在2030年前将核能纳入以色列的能源结构。

然而，似乎有充分的理由表明，核能不应成为以色列的核心能源发展方向。

上文列出的因素——核电站的高建设成本、公众对核能的负面认知，以及核能能量的高度集中——在以色列这样的小国家显得更加突出和重要。由于核电站的建设成本极其高昂，以色列难以筹集到所需资金，特别是考虑到以色列已经具备了太阳能和天然气等能源的开发能力，建设核电站的理由并不充分。

土地问题是发展核能的制约因素之一。作为太阳能开发商，我深知以色列有关部门在能源用地分配方面的种种挑战，尤其是以色列土地管理局。诺法尔能源公司多年来避免开展地面项目，这并不是偶然的现象。建设核电站不仅需要为反应堆本身提供用地，还必须根据安全规定预留较大的缓冲区域，以减少潜在的核辐射、事故或其他风险对周围人口和环境的影响，这无疑会进一步增加土地获取的难度。此外，核反应堆的标准设计需要水源来进行冷却，而以色列适合用作冷却的水源主要是海水，因此核电站的选址必须靠近海岸线，这也是以色列曾于1970年计划在尼扎尼姆沿海平原地区建立核电站的原因。但由于该地区人口密度过高，最终这个建设计划被取消。

以色列南部地区的法定分区规划目前提出了在希夫塔附近划定核电站建设区域，并设立了严格的安全保护区。核电站周围5千米内不允许建设任何其他建筑；半径15千米范围内不允许建设超过2000名居民的城镇；半径30千米范围内的居住人口不允许超过10000。然而，这一扩展区域内已经存在耶鲁哈姆和比尔哈达杰（Bir Hadaj）等人口密集的城镇。因此，在该地区推进核电站开发，将面临诸多复杂挑战。

另一个发展核能的制约因素是人力资源。如果以色列建设核电站，那么前文提到的出租车司机将可以找到匹配的工作。然而，核电站的建设与运营需要大量的核工程师（或核物理专业毕业生），而以色列在该领域的人才非常有限。

要推动核电站建设，还必须使公众克服对核能的恐惧。历史上的切尔诺贝利核事故和福岛核事故让人心有余悸，即使核能支持者认为这种恐惧被夸大了，风险远没有想象中那么大，但要让公众相信这种高风险的能源形式值得尝试，单凭"船到桥头自然直"的乐观态度，显然是无法做到的。

从地理位置上讲，以色列位于叙利亚—非洲大断裂带上，过去曾经历过强烈地震。虽然建造能够抵御地震的核电站，在技术上并非无法实现，但每一项额外的安全防护措施都会大幅增加建设成本，这无疑也会进一步引发公众的反对。

在以色列，恐怖袭击或战争的威胁尤其突出，核反应堆无疑会成为极具吸引力的攻击目标。因此，除了潜在的事故风险，核电站还需面对袭击或导弹打击的严峻威胁。当敌对势力掌握了精确制导导弹技术，甚至可能具备先进的网络攻击能力时，核能这种原本可靠、清洁的能源形式，可能很快会被笼罩在一场令人恐惧的灾难阴影中。

国际政策约束是最后一个不可忽视的关键问题。即便我们认为建造核电站的高昂成本可以通过获取清洁、可靠的能源来合理化，即便我们能够将核电站选址远离居民区并提供最严密的保护，即便我们能够克服公众的恐惧，培养专业的技术人员，我们仍然要面临一个巨大的障碍：我们必须从其他国家引进技术和设备，而这些国家可能会拒绝向我们提供支持。这背后的原因在于，任何希望获得建造核电站技术援助的国家必须签署《不扩散核武器条约》，并承诺不将所获设备用于核武器制造。如果以色列签署了该条约，那么迪莫纳核反应堆将受到国际强制监督。不愿意接受这种监督的以色列，成为全球少数未签署该条约的国家之一。

有人将印度视为一个参考案例。尽管印度没有签署《不扩散核武器条约》，但它仍成功获得了建造核反应堆的援助许可。以色列基础设施部曾在2010年提议与国际公司合作建设核电站，并主张由国际公司对核电站拥有主权。如此一来，核电站在法律层面就不属于以色列主权控制区，可以规避国际核能协议的限制。不过，这种方案或许只是"白日梦"。

清洁且经济的能源具有重要且必要的战略意义，它不仅能帮助以色列摆脱马尔萨斯式的资源危机，还可以为以色列提供宝贵的经济和能源缓冲。虽然核能表面上看似一个很有吸引力的能源选项，但实际上其建设和运营成本过高，且伴随复杂的安全和管理问题，显然并非最佳的能源选择。此外，核能依赖有限的燃料资源，无法像风能或太阳能那样持续再生，因此不具备可再生能源的优势。

第 2 部分

走向太阳能时代：三场能源革命

在各类可再生能源中，太阳能具有一项显著的独特优势：太阳能电池板几乎可以在任何地点安装。尽管不同地区的日照时长有所不同，但在大多数地方，太阳能电池板始终能够高效产生大量电力。相比之下，水力、风能和地热能等其他可再生能源只能在具备特定自然条件的地区发挥作用。太阳能的普遍性和去中心化的分布特点，使其能够灵活连接电网的多个区域，促进市场竞争，并增强能源安全。

太阳能的应用更加便捷。只需将太阳能电池板安装到位，再通过变压器将光伏电池生成的直流电转换为电网所需的交流电。太阳能电池板能够快速且方便地安装在屋顶或墙面上，而且初始安装成本也较低。

太阳能可以快速部署，在较短时间内完成安装并开始发电，这与煤电厂、燃气电厂、核电站、水电大坝甚至风力涡轮机和地热钻探等需要经历漫长建设周期的能源项目形成鲜明对比。凭借这种特性，太阳能成为以色列和全球能源市场中的高效选择。只有采用新技术的地热能才有潜力与太阳能竞争。

时至今日，以色列太阳能的推广与实施进度一直落后于预期。以色列拥有丰富的阳光资源及极大的太阳能开发潜力，令人疑惑的是，为什么它仍然严重依赖煤炭和天然气等传统化石燃料发电？以色列曾计划到2020年实现全国10%的电力供应来自可再生能源，但为什么这一相对保守的目标截至2022年依旧未能实现？在这种情况下，计划到2030年实现全国30%的电力供应来自可再生能源的目标，切合实际吗？

这些问题的答案可以分为三个关键部分，分别对应以色列在将太阳能和风能转变为未来主要能源时面临的三大挑战。这三大挑战在2010—2020年促成了三场革命，我将在接下来三章中详细讨论。首先，我们将重点介绍价格革命及其在近几年间带来的巨大变革；其次，我们将聚焦土地利用挑战，以及引入双重用途理念所带来的革命；最后，我们将讨论储能革命如何解决能源可用性的问题，并为太阳能成为下一代稳定能源铺平了道路。

第9章 价格革命

可再生能源项目在完成初期投资后，通常不再依赖持续的燃料消耗，因此具备显著的成本优势。然而，要确保太阳能长期保持经济效益，关键在于初期建设所投入的材料成本必须足够低，避免投资回报周期过长。那么，太阳能是否具备成本效益？

2008年，也就是诺法尔能源公司成立的4年前，太阳能生产签订了2新谢克尔/千瓦时的电价合同，合同期为25年。当时，以色列消费者支付的电价低于0.5新谢克尔/千瓦时，其中还包含了电网使用费及其他费用。

那么，燃料发电的成本是什么情况呢？2008年的煤炭发电成本为0.17新谢克尔/千瓦时，天然气发电成本为0.11新谢克尔/千瓦时。试想，根据这些费率，如果当时所有电力供应都转向太阳能发电，那么以色列的电价可能会至少上涨10倍。

在这种情况下，原本每户月度电费支出为500新谢克尔的普通家庭，将要支付5000新谢克尔。以色列的公立医院在2019年的电力和能源支出超过3亿新谢克尔，按照这一涨幅，它们是否能够承受每年10亿甚至20亿新谢克尔的支出？工业领域约有55%的能源需求依赖电力，电价上涨将对整个经济产生连锁反应，推动所有产品的成本上涨。如此巨大的电价涨幅是无法持续的，没有任何经济体会牺牲经济发展来推动能源转型，不管这种能源多么具备环保优势和发展潜力。

但这些都是2008年以前的情况。在随后10年里，光伏电力的成本一路下滑。在2017年的阿沙利姆光伏设施建设招标项目中，中标者的报价为0.868新谢克尔/千瓦时，约为附近太阳能热能设施发电价格的10%。光伏技术不仅在价格上压倒了太阳能热能设施，更是首次在与传统能源的竞争中占据了优势。

由于太阳能电池板的成本大幅下降，太阳能发电成为主流的能源选择。2010年，一块能够产生250瓦电力的太阳能电池板价格高达500美元。那时我刚刚进入这个行业，如此昂贵的电池价格让我非常疑惑，于是我向朋友阿维沙伊·德罗里提出了一个问题："为什么这块1米×2米的玻璃需要500美元，而一台尺寸相似、结构更复杂、部件更多的等离子电视机却便宜得多？"阿维沙伊挠了挠头，稍作思索后说道："因为电视机的产量远远大于太阳能电池板的产量吧。"事实证明，他是对的。随着太阳能电池板的生产规模扩大，其单位生产成本也在不断下降。

2010年左右，每块太阳能电池板的发电成本为2~2.5美元/瓦。到了2019年，我们成功将成本降低到19.1美分/瓦，这是诺法尔能源公司支付过的最低单位成本价格，与之前相比，下降幅度超过90%。是什么促成了如此显著的成本下降？关键在于商业管理领域的常见概念——经验曲线效应。

什么是经验曲线效应？1936年，柯蒂斯飞机与发动机公司的工程师西奥多·赖特（Theodore Wright）发现，每当飞机生产数量翻倍，每架飞机的制造时间就会减少大约20%。赖特发现的规律同样适用于其他许多行业，只是具体的时间节省比例有所不同。经验曲线效应不仅可以用来描述制造时间的节省，还可以用来描述生产成本的降低。

福特T型车生产案例是经验曲线效应的最佳体现。1910—1921年，亨利·福特通过一系列现代化改革，将生产成本削减了75%。他通过提高劳动分工的精细度，确保每位工人专注于特定零件的制造，同时取消了车型的频繁更改，从而提高了生产效率。

计算机芯片制造案例也体现了经验曲线案例。1965年，美国工程师戈登·摩尔提出著名的摩尔定律，并预测集成电路上可容纳的晶体管数量大约每两年翻一番。这一定律已经在过去几十年间得到了验证，其背后的推动力正是经验曲线效应：随着芯片生产数量增加，技术水平和制造工艺持续改进，芯片制造变得更加高效。

经验曲线效应的产生源于多个因素：

　　首先，随着生产规模的扩大，工程师和制造商通过反复的实践操作（即"干中学"）积累经验，优化制造流程，发现更加高效的生产方法。

　　其次，规模效应也在其中发挥了重要作用。以一家开始生产新产品的工厂为例，假设它第一年可以生产10个单位的产品，第二年可以生产20个单位的产品。随着生产量的增加，工厂的建设和维护成本可以分摊到更多的产品上，因此每个产品的单位成本也随之下降。

　　太阳能电池板的成本下降过程也体现了相同的效应。由于太阳能电池板具备成熟的制造技术和高度标准化的生产流程，所以能够实现高效、快速的批量生产，几乎可以在全球范围内广泛安装部署，从而促进了大规模生产的可行性。生产商通过不断积累经验，逐步优化制造流程，提高了生产效率。大型制造商充分利用规模效应，使用相同的设备生产数百万块电池板，同时各个工厂也可以相互分享经验，改进技术。这些因素共同促成了生产成本的持续下跌，推动了太阳能电池板安装量和产量的增长，从而进一步增强了经验曲线效应，持续提升制造效率。正是通过这种连锁反应，以色列的太阳能电池板价格在短短几十年内达到了目前极具成本优势的水平。

　　韩国光伏制造商韩华Qcells是当时全球最大的生产商，在与其企业代表交谈时，我深刻体会到这场价格革命的意义。企业代表向我介绍了公司在过去几年中的发展轨迹，以及他们每年不断增长的生产能力。韩华Qcells的电池板产能最初为1吉瓦峰值（即最大可能的输出功率），几年后就提升至5吉瓦，目前更是达到了7吉瓦的生产规模；与此同时，该企业的收益始终保持不变。这意味着在产量增长了600%的情况下，电池板的价格却下降了85%。

太阳能电池板技术也取得了显著进展。如果在2010年左右，一块电池板的发电功率为250~260瓦，那么到2019年，相同尺寸的电池板已经能够产生500瓦的功率。电池板的发电能力在不增加材料和面积的情况下提升了1倍左右，这意味着每单位电力所需的资源比原来减少了一半，因此单位生产成本也显著降低。

因此，诺法尔能源公司等企业在以色列的落地恰逢其时，真正为屋顶带来了全新生机。诺法尔能源公司把旧太阳能电池板替换为新电池板，并把旧电池板低价转售给巴勒斯坦权力机构或贝都因人①。通过这一升级，屋顶可以产生双倍的电力，同时各方都能受益。

另一项技术改进与温度系数密切相关。太阳能电池板喜

---

① 贝都因人是阿拉伯人的一支，以氏族部落为基本单位，在沙漠旷野过游牧生活。

光畏热，电池板的输出数据是在实验室的标准25℃中测量得出的。但在以色列的炎热夏季，电池板的温度可能会飙升至100℃。因此，温度系数是一个非常重要的因素，它决定了温度每升高1℃时，电池板输出功率的下降幅度。小幅度优化的累积，也可以给整体性能带来显著提升。

关于温度系数的微小变化如何显著影响最终结果

温度系数的影响类似于我们在复利计算或病毒传播中看到的指数效应魔力，它发挥着惊人的作用。

不妨以温度系数为−1%为例。当温度为25℃时，一块太阳能电池板的输出功率为500瓦。当温度升高到26℃时，电池板的输出功率将减少1%，即0.99×500瓦。温度每升高1℃，这一数值需要再次乘相同的系数，形成递减趋势。电池板的温度在夏天可能会升至100℃，这意味着我们需要将这一系数乘75次。因此，温度系数的小幅改进也会对电池板的总输出功率产生显著影响。

通过计算器运算得知，0.99的75次方等于0.47。假设温度系数稍微降低至−0.37%，此时，0.9963的75次方等于0.757，这意味着输出功率提高了约0.61倍。基于此理论假设，太阳能电池板在夏天的输出功率将从原来的235瓦增加到379瓦。

10年后岂不是要免费安装电池板

如前所述，随着太阳能电池板在全球范围内的大规模应用，电池板的价格也在逐步下降。截至2022年，全球每年新增的光伏装机容量已达到200吉瓦，约为以色列电力生产供应的10倍，而以色列的电力供应仅占全球用电量的0.25%。

然而，价格的下降趋势不可能无限持续。在2016年德国慕尼黑举办的欧洲国际太阳能展上，与会者都在讨论太阳能电池板价格的下降趋势。其中一位企业代表告诉我，该企业当时的电池板售价为0.4美元/瓦。我问他："价格会继续下降吗？你对未来的趋势怎么看？"他起初并不愿回答，但最终还是分享了自己的看法，表示未来每季度价格就会下降1美分。我笑着说："每季度下降1美分？照这个速度，10年后你岂不是要免费安装电池板了？"

确如预期，电池板的价格下降趋势在2018年停滞了。当时，全球大型太阳能供应商晶科能源控股有限公司试图进入以色列市场，并向我们提出0.29美元/瓦的报价。我们当时认为电池板价格还会继续下跌，因此拒绝了这份报价。事实证明，这是一个错误：3个月后，电池板价格开始迅速上涨。

两年后，新冠疫情的暴发加剧了价格上涨。全球供应链遭受了严重破坏，导致任何因供应链问题而难以获取的零部件都不得不通过更高成本的替代途径实现采购。电池板价格再次上涨，甚至有一段时间，电池板的运输成本与其生产成本相当。当价格下降趋势已经结束的时候，电池板的价格都不太可能重新下降至之前的水平，可以说，太阳能行业的价格革命已经结束。如今，太阳能发电厂在成本上已能够与传统发电站正面竞争。

然而，太阳能发电仍然存在两个亟须解决的挑战，即土地利用问题和资源可用性问题。关于这两个挑战的详细讨论，将在接下来两章中展开。

第10章　双重用途革命

太阳能的价格终于变得经济实惠且具有吸引力，达到足以与污染严重的传统能源竞争的水平。然而，单凭价格优势远远不够。太阳能发电需要大面积的土地来安装光伏电池板，但在以色列这样土地稀缺的小国家，这种需求成了太阳能发电发展的一道主要障碍。

土地利用的挑战

地面太阳能项目究竟需要占用多大面积的土地？以色列希坤和比努伊（Shikun & Binui）可再生能源公司开发的施奈尔·采塞利姆光伏发电厂是以色列最大的太阳能项目之一。我们可以将其与达利亚（Dalia）燃气发电站进行对比。达利亚燃气发电站占地面积为64德南①，可供应900兆瓦电力；而施奈尔·采塞利姆光伏发电厂占地1400德南，预计只能产生120兆瓦电力。简单计算表明，太阳能发电站所需的面积几乎是燃气发电站的22倍，但发电量只有后者的2/15。如果我们

---

① 德南（dunam）是以色列的土地面积单位，1德南大约等于1000平方米。

按照每德南土地的发电量计算，燃气发电站的土地利用效率是太阳能发电站的175倍。

那么，为什么太阳能发电站需要如此广阔的土地？为了解释这个问题，我们可以从单块太阳能电池板的特性入手。一块新型太阳能电池板大小为2米×1米，最大输出功率为500瓦。如果要实现500兆瓦的峰值发电量（约占2022年以色列全国电力需求的1%），需要安装大约100万块这样的电池板。如果要满足全国30%的电力需求，需要安装大约3000万块。这显然需要大面积的土地。如果仅依靠地面安装的太阳能项目，土地占用将成为一个不可忽视的问题。

从国家层面来看，根据以色列能源部的估算，实现30%可再生能源发电的目标，大约需要16万德南的土地。这一估算显然偏高，实际情况中有许多方法可以更高效地利用土地。虽然能源部测算的土地面积数据有待进一步修正，但修正后的土地需求依然很庞大。再者，发电并非土地唯一的用途。建设、工业及其他重要需求同样需要占用有限的土地资源，以色列无法将所有土地都专用于能源生产。

过去10年的实践证明，尽管土地需求看似难以解决，但通过双重用途革命，这一问题有望得到缓解。以色列诺法尔能源公司正是这一领域的先锋之一，率先探索出一种既能满足能源需求又能优化土地使用的解决方案。

"你的微笑征服了大家"：基布兹的屋顶太阳能项目

2010年，太阳能领域的项目主要分为两类，要么是大型但进展缓慢的地面项目，要么是小型且快速推进的屋顶项目。以色列诺法尔能源公司的愿景是打破这种格局，开展大型且能快速推进的太阳能项目。

最初，我们尝试在3个莫夏夫①与120位土地所有者合作推进一个地面太阳能项目。我们签署了合同，投入了资金，并提交了审批申请，但是最终，项目还是无法顺利推进。几乎所有地区的建筑都存在违规问题，因此，即使是空地也无法继续施工。而在那些没有问题的可用地块，项目又卡在了以色列土地管理局的审批流程中。

后来，我们找到了应对以色列官僚体制的一个突破口——基布兹。不久之前，基布兹被正式确认为传统电力分销商。

传统电力分销商是指历史上负责为消费者提供电力分配服务的机构。例如，耶路撒冷地区电力公司自1914年开始运营，因此没有理由将其完全纳入以色列电力公司的监管体系和统一费率。经过漫长的法律程序，耶路撒冷地区电力公司最终在21世纪初期被确立为传统电力分销商，在法规和费率

---

① 莫夏夫（moshavim）是以色列采取私人租地、集体耕作、共同销售制度的农业合作居民点。

上享有一定的自主权。

迈季代勒舍姆斯（Majdal Shams）的一位居民对以色列电力公司提起诉讼：尽管居民支付了全国统一的电费，但通过电力分销商获得的电力服务质量却低于预期。为应对这一问题，以色列电力管理局制定了"传统电力分销商的合法运营规范"。由于许多基布兹是从以色列电力公司集中购买电力，然后在其区域内进行分配，因此这一规范的出台赋予了它们传统电力分销商的地位。

基布兹作为传统电力分销商，最大优势在于能够自行制定许多规章制度，从而避免了烦琐的监管困扰。因此，我们开始寻找并接洽那些能够理解屋顶太阳能电池板潜在价值的基布兹。

我开着那辆可靠的老标致车，穿行在全国各地，走遍了一个个基布兹。最终有3个基布兹成为屋顶太阳能计划的先锋：南部靠近拉哈特市的绍瓦尔（Shoval）基布兹，以及北部靠近纳哈里亚市的卡布里（Kabri）基布兹和叶海姆（Yehiam）基布兹。我直截了当地告诉基布兹的成员们："虽然目前你们的屋顶没有任何收益，价值为零，但它们可以转化为经济回报。资金我来投，许可我来办，整个项目由我来承担。如果成功了，你们可以收取租赁费用；如果失败了，你们至少可以收获一个好故事。"

每个人都希望获得经济回报，但基布兹的成员们对太阳
能屋顶计划感到了一丝陌生和怀疑。他们咨询了所有社区顾
问，而每一位顾问都告诉他们："根本不可能。这人推销的
东西根本不靠谱。"发生在卡布里基布兹的故事正好反映了
这一情况。

当时，我已经与叶海姆基布兹签署了合同，并开始说服
邻近的卡布里基布兹也在社区建筑上安装太阳能板。然而，
以色列绿色屋顶能源公司的老板莫蒂·阿夫尼带着基布兹成
员来到叶海姆基布兹，看到空无一物的屋顶后对他们说："你
们看，什么都没有，他是在忽悠你们！"我不得不解释，社
区屋顶之所以空着，是因为设备还未安装到位，但合同已经
签署，项目正在推进。最终，我接到了时任卡布里基布兹社
区经理埃胡德·德罗尔（已故）的电话："奥弗，我是想通
知你，我们决定继续与你合作。"我问："那基布兹的反对
意见呢？"他回答道："你的微笑征服了大家。"

2012年3月29日，诺法尔能源公司终于迎来了突破——我
们在卡布里、叶海姆和绍瓦尔基布兹安装的小型屋顶太阳能
板共同贡献了以色列近5%的太阳能发电配额。这让业内资深
的太阳能发电企业不禁好奇，一家默默无闻的新公司，竟占
据了如此大的市场份额。

然而，新的挑战接踵而至。我虽然获得了大量太阳能项

目并网的许可，却缺少关键要素——用于安装太阳能电池板的资金。我必须找到合适的投资者，且不能有丝毫差池。一次错误的选择就可能让整个项目功亏一篑。

那段时间里，曾有一家大型上市公司的CEO（首席执行官）给我打电话，但几分钟后我便结束了对话。某种不安的直觉让我感到他不值得信任。几年后的事实证明，我的判断是对的——他参与的每个项目最终都陷入了法律纠纷。

我也曾与丹尼·佩莱格（Danny Peleg）和伊泰·科恩（Itay Cohen）这两位主要活跃于资本市场的投资者会面。不过，他们对这个项目并不十分看好。从理性角度来看，那次会面并不顺利，我理应放弃与他们合作的念头。

但当我走出会议室并乘电梯下楼时，我突然意识到一件有趣的事情。熟悉我的人都知道，我通常是个面无表情的人，即使在非常紧张的情况下，外表也几乎不露分毫。但我在极度焦虑时会有一个下意识的动作——磨牙。

在为诺法尔能源公司寻找投资者的这段时间，压力让我磨牙的习惯再次出现。但这次，我突然意识到自己没有出现不自觉磨牙的情况，紧张感无声无息地消失了。从理性、审慎的角度来看，这次与投资者的会谈并不理想，但我的身体反应告诉我，这个方向依然值得坚持。潜意识往往比理性判断更加敏锐。事实再次证明我的决定是正确的——丹尼和伊泰成为绍瓦尔、卡布里和叶海姆这3个基布兹的投资者。

从租赁模式到合作模式

诺法尔能源公司完成与首批3个基布兹的合作后，相关法规突然发生了变化。2012年年末，以色列电力管理局在奥瑞特·法尔卡什（Orit Farkash）的领导下，颁布了一项重创太阳能生产商的决策。

这项决策将支付给电力生产商的电价直接减半，从大约0.9新谢克尔/千瓦时降至0.45新谢克尔/千瓦时。按照之前的电价费率，我可以用租赁支付模式进行运作，确保开发商、承包商、投资方的利益，并支付基布兹的租赁费。但按照新的电价水平，这种模式将无法维持。0.9新谢克尔/千瓦时的电价费率可以有效覆盖各方的成本，而0.45新谢克尔/千瓦时的电价费率，根本无法维持项目的可持续性。这一决策公布后，许多活跃在这一领域的开发商选择退出。处于起步阶段的太阳能发电行业缺乏安全保障，大家普遍认为这位不理智的监管者制定了不可持续的电价政策。当时，以色列《晚祷报》（Maariv）发表了一篇题为《热浪来袭：太阳能开发商正在逃离这个国家》（Heat Stroke: Solar Developers are Fleeing the Country）的文章，准确描述了当时的真实情形。

但我没有逃离，而是试图找到一种在新环境中继续运营的方法。我向基布兹提出了从租赁关系转变为合作伙伴关系的新模式。诺法尔能源公司与基布兹将共同拥有太阳能发电系统，而且诺法尔能源公司同时担任开发商和承包商。在这种模式下，项目推进只需诺法尔和基布兹两方协作，避免了第三方干扰带来的延误，确保进度更加顺畅。然而，要说服基布兹的成员相信这一模式的可行性，犹如劈开大海般困难，且消除阻碍的因素并不在我的掌控之中。

当时，基布兹刚刚完成债务清算，其中大多数仍面临财务困境。过去，基布兹主要依靠被动的租赁模式获取收入，这种模式无须承担风险，也不需要投入资金。如今，新的合作模式要求他们动用自有资金投资，这与以往的运作方式截然不同。因此，要说服基布兹接受新合作模式，的确是一项艰巨的任务。

基布兹传统上是以农业为基础的集体社区，早期成员大多是来自欧洲的阿什肯纳兹犹太人；他们大都是无神论者，不信仰任何宗教；成员大多有集体主义的政治倾向，倡导共同工作、共同生活的理念；他们的生活环境以农村为主，远离城市的快节奏，生活相对简单朴素。我身上的一切似乎与他们大相径庭：一个虔诚的宗教信徒，严格遵守宗教教义；有着塞法迪犹太人的背景，带有浓厚的中东和北非文化色彩；来自城市，生活节奏快；支持更为保守的政策。这样一个与他们格格不入的陌生人出现在他们的社区里，并提出建立合作伙伴关系的建议，这无疑是个挑战。然而，我成功地与他们建立了牢固的个人关系，这种关系延续至今。由于我此前已经与其他3个基布兹成功建立了合作关系，因此我提出的新合作模式也得以继续顺利推进。从贝特阿尔法（Beit Alfa）基布兹和拉哈夫（Lahav）基布兹开始，随后扩展到其他几十个基布兹，如今，诺法尔能源公司已与超过150个基布兹建立了合作关系。

屋顶太阳能项目领域，几乎只有我一个人在坚持。最初，几乎没有人意识到加速许可机制对电力分销商的战略意义。即便后来部分业内人士认识到这一点，并参考了我的成功案例，他们最终仍然选择退出。业内普遍认为屋顶太阳能项目的规模有限，商业机会不多；此外，当时大多数太阳能开发商主要将重心放在地面太阳能项目的开发上。

当时参与屋顶太阳能项目的开发商屈指可数，而且基本集中在市政领域。于是，我走遍一个又一个的基布兹，与他们的成员进行友好交流。通过耐心解释，诺法尔能源公司最终成为与基布兹合作开发屋顶太阳能发电设施的大型企业之一。到2019年左右，以色列超过一半的可再生能源来自双重用途光伏系统。

双重用途革命解决了地面太阳能项目引发的日益严重的土地短缺问题。2020年，太阳能电池板的安装场景得到了极大扩展，从建筑屋顶延伸至水库、立交桥、高速公路等各类空间。

"年轻人，你真敢冒险"

以色列太阳能发展可以回溯至2008年8月，当时以色列首个太阳能发电系统在内盖夫地区的泰内农场（Tene Farm）建成。该设施的发电量为50千瓦，其中1/3供农场上的奶牛场使用，剩余的2/3则以2新谢克尔/千瓦时的价格出售给以色列电力公司。

泰内农场的太阳能发电系统安装在一个农业设施的顶部，但当时高昂的太阳能发电成本促使开发商寻找更具成本效益的安装位置。显而易见，地面是最佳选择。第一，以色列偏远地区的土地成本几乎可以忽略不计，这些地方的阳光充足且人口稀少。第二，在地面上，太阳能发电设施可以高效运作，通过安装跟踪装置，可以全天随阳光移动；相较之下，屋顶太阳能发电设施要安装这种装置则相对复杂。第三，地面太阳能项目可以扩大规模，具有显著的优势，这意味着相同数量的变压器、外围设备和人力可以支持更多的太阳能电池板运作，从而有效降低整体成本。

诺法尔在2011年进入该领域时，其他公司主要专注于地面项目。然而，地面项目的投资存在一些显著问题。首先，地面项目通常需要大规模开发；其次，审批流程复杂且耗时；最后，更大的挑战在于电网基础设施。以色列中部拥有较强大的电网，但土地价格昂贵。而在以色列偏远地区，尽管土地价格较低，但电网不够发达，无法有效将电力输送至需求集中的中部地区。诺法尔能源公司发现，虽然屋顶发电的成本略高于地面发电，但从更广泛的角度考虑，结合电网因素，屋顶发电的总体成本并没有显著增加。

原因很简单：开发商在安装屋顶太阳能发电设施时，通常会选择电力需求集中且电网基础设施完善的区域。由于电力设备可以并入现有电网，开发商不需要为这些项目额外建设新电网，因此能节省巨大的基础设施建设成本。就这样，诺法尔能源公司进入屋顶太阳能发电设施安装领域，签署了多个太阳能电池板安装协议，并迅速成为太阳能行业中的主要参与者之一，尤其是在屋顶太阳能项目领域。

当时，许多人认为在基布兹的电网中建设大型发电系统是不现实的。不同于现在的大型产业会议场景，我之前曾参加过一个小型的基布兹会议，所有基布兹成员齐聚一堂。

当我提出在绍瓦尔基布兹建设10套50千瓦的太阳能发电系统时，以色列电力公司的一位资深工程师在会后对我说：

"年轻人，你真敢冒险。将总计500千瓦的发电容量安装在基布兹的屋顶？这会让电网崩溃的！"值得一提的是，目前绍瓦尔基布兹屋顶安装的太阳能电池板发电容量已接近当初的6倍，然而电网仍保持稳定运行。这个故事表明了能源行业的保守思维方式，以及它们对大胆创新的恐惧和抗拒。

一封信差点摧毁以色列整个太阳能行业

2015年，以色列的太阳能发电行业差点因一封信而陷入崩溃。一家报纸刊发了一篇文章，声称基布兹的电力连接涉嫌违规。电力管理局随即展开调查，并宣布暂停所有电力连接。在那个季度，基布兹的安装项目全面停滞。我们不得不连续加班，希望尽快向管理局提交所有需要的文件，证明我们的运营完全合法。

其间，我和电力管理局的负责人取得了联系。我在电话里说："我理解你们在进行审查，但我们的所有业务都陷入了停顿，没有任何收入，我只能开始裁员。"随后，我询问她为何突然启动这次调查。我们的所有工作都是合法、合规的——问题究竟出在哪里？

"我们收到了一封投诉信，"她告诉我，"你要明白，电力管理局内部对太阳能发电有很大的反对声音。如果我现在不做出这类监管，太阳能发电可能会在以色列彻底消失。这封投诉信正是那些反对者用来阻止太阳能发展的借口。所以我必须进行这次审查。"

在我的询问之下，这位负责人表示这封投诉信的发件人是利奥尔·达茨（Lior Datz）。我随即打电话给达茨，对他说："我知道你不是以个人名义发送了这封投诉信，你是一名律师。请让真正提出投诉的人与我直接对话，这样，我们就可以解决问题。否则，我的下一通电话将打给以色列财政部部长摩西·卡隆（Moshe Kahlon），并向他反映你的所作所为导致我不得不关闭公司。"达茨是卡隆团队的一员，他显然不希望我拨出这通电话。

达茨很快就回电告知投诉信背后的人同意与我对话，并向我提供那个人——丹尼·达农（Danny Danan）的电话号码。当时，达农是以色列太阳能系统销售商能源点（Enerpoint）公司的负责人。我拨通他的电话并质问道："丹尼，你到底在做什么？你这是在自毁我们的行业！"

他的回答令人难以置信："奥弗，我清楚你的影响力有多大，你几乎可以通过基布兹掌控整个监管系统。但你没有从我这里购买设备。这意味着，如果我不采取行动，我的公司就完了。"这话说得没错，由于我们之前发生过商业纠纷，我确实没有向他采购设备，但我显然不希望因为这场纠纷而使整个行业陷入危机。

我对他说："丹尼，我会通知首席财务官，诺法尔能源公司会将能源点公司纳入报价选择范围。但前提是，你必须在接下来的一个小时内向电力管理局提交一封说明信，并正式撤回投诉。"这就是事情的全部经过，而以色列的太阳能产业最终也避免了一场危机。

拯救双重用途

虽然太阳能发电的发展克服了许多障碍，但以色列的官僚体制并未让市场按预期速度发展。一方面，屋顶太阳能发电的电价持续下降；另一方面，以色列计划在2020年前实现10%可再生能源发电的目标，但到2016年，我们离这一目标仍然很远。而就在此时，电力管理局宣布召开会议，计划将屋顶太阳能发电的电价从0.37新谢克尔/千瓦时降至0.32新谢克尔/千瓦时，并邀请我出席。

我认为这是诺法尔扭转局势的机会，但是CEO和业务发展副总裁对此持怀疑态度。我打赌，我们能够让管理局重新评估这个电价，赌注是一顿午餐。

我们有备而来，带上了地图、说明及两个简单的核心论点。其一，单靠地面太阳能项目，无法在2020年前实现10%

可再生能源发电的目标。要达成这一目标，就必须推动屋顶太阳能发电的发展。其二，地面太阳能与屋顶太阳能的成本差距并没有表面看起来那么大。屋顶上已经具备电力基础设施，而地面系统的安装则需要国家额外投入数千万美元用于电力输送。

"你们有什么建议？"电力管理局的工作人员询问道。我解释说，如果我们要加快扩展这个市场，就必须通过两项关键的政策调整来推动屋顶太阳能的发展：第一，允许更大规模的太阳能系统按照费率监管接入电网，从而简化审批流程；第二，进行价格调整。

他们问道："你认为电价应该是多少？"我表示自己不好意思直接说出想法。"别犹豫，说说看。"他们继续催促。最终我建议，如果我们希望推动屋顶太阳能的发展并实现既定目标，中型设施的电价应定为0.45新谢克尔/千瓦时，小型设施则应为0.5新谢克尔/千瓦时。

这个建议或许有些大胆，毕竟会议的初衷是将电价降至0.32新谢克尔/千瓦时。然而，我的陈述逻辑显然有一定的说服力，最终，电力管理局将电价分别定为0.45新谢克尔/千瓦时和0.48新谢克尔/千瓦时。不过这些价格并未与消费者价格指数挂钩，这意味着它们将根据实际市场情况逐渐调整。与此同时，费率系统的许可上限也从原先的50千瓦扩大到100千瓦，随后又提高至200千瓦甚至630千瓦。这为屋顶太阳能市场的进一步发展奠定了基础。

以色列电力管理局如何支付太阳能发电费用

多年来，太阳能发电行业的监管方式经历了多次变化或调整。以下是主要的方式：

费率监管：截至2008年7月，小型屋顶太阳能系统（容量最高可达50千瓦）可按照消费者监管条例安装，无须申请生产许可证，流程相对简便。在这一监管模式下，电价设定了逐年递减的配额，从最初的2.01新谢克尔/千瓦时，逐步下降到2016年的0.37新谢克尔/千瓦时。

净计量监管：该消费者法规自2012年12月实施，持续至2018年年底，允许用户在自家庭院内安装容量不超过5兆瓦的光伏系统，以满足自身电力需求。整个流程相对简单。如果用户有多余电力，可将其回输至电网并获得电费抵扣，抵扣额度可在两年内使用。这项法规包含了一项隐性的补贴机制，表面上似乎是消费者实现自发自用，但实际上相当于免费使用了电力存储服务。当消费者将多余的电力输入电网时，电网会将这部分电力的价值以信用形式（电费抵扣）记入用户账户。消费者在没有发电（例如夜晚或阴天）的情况下需要用电时，就可以从电网中取回相应的电力。

竞争性程序监管: 自2017年起,电力管理局会定期通过竞争招标的方式,推动光伏系统的安装。在竞争性招标程序中,投标者需要缴纳押金,并通过低价竞争来获得项目合同。这种监管方法存在一个问题:由于投标者预计未来太阳能发电设施价格会逐步下降,因此他们往往会给出一个较低的报价。但近年来,设施的价格下降趋势停滞,导致以色列及全球范围内出现了中标者宁愿放弃履行合同、损失押金的现象。

官僚作风再度来袭,诺法尔化危为机

2017年,一起重要事件几乎导致了屋顶太阳能发电行业的瘫痪。当时,"可用许可证"面临改革,整个许可系统正在进行数字化转型。

我们只有回顾改革前许可系统的运作方式和流程,才能真正明白这个改革所带来的深远影响。在绍瓦尔、卡布里和叶海姆3个基布兹的首批屋顶太阳能项目获批后,银行为了提供融资,要求我们对所有安装太阳能电池板的建筑出具施工许可,以确保在屋顶安装太阳能发电设施不会对建筑物的稳定性造成不良影响。

我让亚基尔·科恩(Yakir Cohen)联系马特·阿谢尔(Mateh Asher)地区委员会并着手申请34栋建筑的施工许

可——当时，科恩几乎是公司的唯一一名员工，负责各类许可事务。我本以为这一过程会耗时至少一周，但实际情况却出乎意料。社区委员会不到一个小时便通过电子邮件将许可发了过来。

我打电话给科恩："你做了一件我自认为做不到的事。你是怎么在一个小时内拿到这些文件的？你既不是马特·阿谢尔地区委员会的成员，显然也没有亲自跑去加利利西部。"他回答道："我在电话里对秘书客客气气的，然后她就把所有文件都扫描发给我了。"我笑道："得了吧，我也会在电话里说好话，这背后有什么诀窍是你没说的吧？"

我接着说："马特·阿谢尔地区委员会的办事风格很特殊，没有基布兹的委托书，他们绝对不会碰任何文件。你又不认识卡布里基布兹或叶海姆基布兹的成员，到底是怎么绕过这个障碍的？"他笑了笑说："我另外想办法解决了委托书的事。"我追问他是如何做到的，而他的坦白也为他赢得了公司"最佳（唯一）员工"的称号。他说，自己把一份名为"委托书"的空白Word文档发给了委员会秘书，而他清楚，秘书不会打开文档检查内容。我问："万一她真的打开查看，该怎么办？"他回答说："如果真是那样，我会再打电话让你去开具一份真的委托书。"

许可系统进行数字化转型后，一些灵活处理的情况就不可能再发生了。但数字化带来的问题不止这些。首先，委员会的工作人员并非来自以色列8200部队[①]的顶尖专家，因此他们在使用系统的过程中经常出现问题。其次，学习曲线效应在这种情景下也发挥了重要作用，这意味着工作人员需要时间来适应新系统，因此一段时间内会出现不少操作失误或不熟练的情况。另一个问题是，出于对透明度和信息公开的过度担忧，监管部门要求制造商获取许多不相关的批准文件，例如，证明太阳能电池板不会对飞行员造成视觉干扰的航空航天保护认证，或者其他类似的证书。

"埃坦，罢免你需要经过哪些具体程序"

2017年，正处于蓬勃发展的屋顶太阳能电力行业突然陷入停滞。我约了以色列绿色能源协会的主任埃坦·帕内斯（Eitan Parness）在耶路撒冷的一家咖啡馆见面。落座后，我展现出一贯的直率风格，但这次我的直率可能比以往任何时候都更为尖锐。

我看着他说："埃坦，罢免你需要经过哪些具体程序？"埃坦愣了一下，问道："你为什么要罢免我？"我直言不讳

[①] 以色列8200部队是一支每年有50余名"电脑专家"加入、汇集了电脑精英的小部队。

地回答："我不知道你到底在忙什么，但整个屋顶电力行业已经陷入停顿。我们快撑不住了，我甚至在计划裁员的事情。你再不给我们许可豁免，我们就只能倒闭歇业了。2014年，时任内政部部长吉迪恩·萨尔（Gideon Sa'ar）已经为小型屋顶太阳能项目提供了许可证豁免，我们得试着把这个豁免范围扩大。"

埃坦对我说："你说得没错，但财政部对这一议题并没有兴趣。"于是我们一同前往财政部。我详细说明了当前的情况，强调国家在推动和发展屋顶太阳能发电方面的必要性，并指出，如果没有许可证豁免政策的支持，这一行业将寸步难行。最终，我们成功说服了财政部，跨过了第一道障碍。接下来，我们需要去说服规划管理局、规划与建设小组委员会，最后是国家规划与建设委员会。

毫无疑问，规划与建设小组委员会的成员并不具备太阳能领域的专业背景，甚至对太阳能电池板的基本概念都不熟悉。为了更直观地展示，我从车里拿出一块太阳能电池板进行说明。如前所述，电池板长约2米，重量超过30千克。我把它放在委员会成员面前，解释道："这就是太阳能电池板。把它们安装在屋顶上，对你们有什么直接的影响呢？如果住户要处理屋顶的石棉材料，他们甚至可以在没有许可证的情况下更换整个屋顶。那么，为什么将这些玻璃板覆盖在屋顶上，就需要特别的审批呢？"

委员会进行了多次讨论，而在某种程度上，工程师协会的代表成了唯一反对许可证豁免提案的人。我明白他持反对意见是为了保护协会成员的经济利益：一旦许可证豁免通过，原本由工程师负责的许可审核流程就将被省略。

我心血来潮，掏出手机开始拍摄他。他注意到我在拍照，质问道："你为什么拍我？"我回答："因为我想让大家知道，究竟是谁在反对豁免提案。"他立刻大声抗议，要求工作人员阻止我拍照。但我提醒他，我有权在公共场合对成年人进行拍摄。显然，镜头的存在瞬间改变了整个讨论氛围。尽管委员会最终在豁免许可中附加了一些限制条件，但提案还是通过了表决。

接下来，我们需要让国家规划与建设委员会通过这个决议。2017年12月5日，我们如约出席会议，但那天的议题却临时改为讨论天然气储备冷凝罐的未来选址问题。

这个议题激起了拟建地区居民的强烈情绪和担忧。和许多与基础设施及能源相关的公共反对事件一样，委员会当天几乎因这场重要会议而陷入停滞。会场外，抗议声此起彼伏，不同的发言人轮番上台发表观点。由于讨论时间过长，我们的议题被迫推迟了一个月。

在这段时间里，我做了充分准备，包括事先与所有相关监管机构沟通，并获得他们支持许可豁免提案的承诺。2018年1月2日，我再次参加会议。唯一拒绝与我对话的是地方当局联合会。会议开始时，地方当局联合会就公开反对该提案。与规划与建设小组委员会的工程师类似，他们的担忧也很直接：如果豁免通过，改良税①该由谁来支付？虽然会议的议题是讨论豁免政策，但大部分讨论却主要围绕地方当局联合会试图征收的改良税展开。

埃坦·帕内斯是第一位发言者，他反对对屋顶太阳能项目征收改良税的基本原则，称之为"对阳光征税"。国家规划与建设委员会主席阿维格多·伊扎基（Avigdor Yitzchaki）指出，本场会议的主题并不是讨论改良税，但埃坦继续发言，甚至讲起了切尔姆（Chelm）智者试图将月亮从井里捞出的故事②。最终，他被请出会场，留下我独自代表太阳能电力行业发言。

轮到我发言时，我对委员会主席阿维格多说："今天是我第二次来到国家规划与建设委员会。上次是一个月前，我记得委员会花了一整天的时间讨论天然气冷凝罐选址的问题。虽然我不否认那次讨论的重要性，但今天的讨论对以色

---

① 改良税（betterment tax）指对财产或资产进行改良后要缴纳的税，通常涉及对财产或资产进行改善或增加其价值的行为，例如对建筑物进行维修、扩建或现代化改造等。

② 这个东欧民间故事常被用来讽刺某些看似聪明实则荒谬的行为或决定。

列而言毫无疑问更加关键。"我提高了声音。

由于地方当局联合会对豁免许可证的反对意见主要集中在改良税的征收问题上，于是我们只能深入讨论了改良税的相关内容。我描述了当前收取税费的实际流程。首先，我们会收到一张估算税收金额为40万新谢克尔的税单——即使设施符合豁免条件。随后，我们会发起上诉，并证明屋顶太阳能发电设施的安装并不存在任何实际的改良。最终，法院通常裁定我们无须缴纳任何税，因为太阳能产生的能源由屋顶下的住户自行使用，并未提升物业的收入或市场价值。

由此可见对屋顶太阳能发电设施征收改良税的荒谬。规划管理局的法律顾问埃夫拉·布兰德（Efrat Brand）插话指出，豁免其实仅限于某些行政手续，不会影响改良税征收的规定。我趁机回应："对我们来说，我们愿意缴纳任何必要的税款。地方当局联合会可以及时获取所有相关信息，但不要因此延误项目进展。"接着，我略带讽刺地补充道，"如果这还能为更多人提供就业机会，比如为律师事务所创造收入，那也没什么不好。但为了方便地方当局联合会的税收安排而导致整个行业停滞，这显然是不合逻辑的。"

我的最后一番话赢得了委员会成员的支持，许可证的豁免程序终于顺利走完。就这样，屋顶太阳能发电获得了许可证豁免，为该行业的高速增长扫清了障碍。截至本书撰写之时，以色列的太阳能发电设施的装机容量从450兆瓦左右快速增长到4000兆瓦左右。

水库：电力与水资源能否实现共生

在水库上方安装太阳能电池板，是探索多样化双重用途的真正突破，而诺法尔能源公司则是以色列在该领域的先驱。以色列建立了数百座水库，作为应对国内水资源短缺问题的综合解决方案的一部分。这些水库不仅可以收集雨水、淡化水及循环农业用水，而且其包含的广袤水域基本未被开发利用。那么，为什么不让这些空间发挥更多的作用呢？

2014年，诺法尔能源公司的一名员工利奥尔·哈亚里告诉我，全球已有浮动式太阳能发电系统的应用。我回应道："你刚加入公司不久，可能还不了解这里的企业文化。我们不会只停留在理论探讨阶段，而是更注重实际行动和验证。既然这个系统已经存在，那就实地验证它。"于是，我们立即订购了系统，并很快安排运输。然而，问题随之而来——我们需要确定系统的安装地点。以色列土地管理局经常用"不做决定"的方式，阻碍创新项目的推进。每当遇到新项目需要批准时，如果土地管理局对所涉及的技术无明确立场，便会选择不签署任何文件，导致项目陷入停滞，毕竟土地使用权掌握在土地管理局手中。

与此同时，时任以色列内政部部长的吉迪恩·萨尔推动的[①]法案通过，规定屋顶太阳能发电系统可免于申请许可证。这一改革为我们提供了绕过土地管理局审批障碍的新思路。

我联系了某一地方委员会的工程师，并询问其看法："你觉得水面可以算作水库的屋顶吗？如果可以，那么浮动式太阳能发电系统就不再是地面系统，而是屋顶系统。根据规定，屋顶系统是免审批的，这样，浮动式太阳能发电系统就不需要以色列土地管理局的批准了。"

他完全否定了我的想法。"水面是屋顶？你从哪里冒出的这种奇怪念头？"接着，我又联系了另一个地方委员会的工程师，他同样否定了我的想法。第三位工程师也是同样的反应。直到我联系到第四位工程师伊利达（Eldad）时，事情才有了转机。他是上加利利地方委员会的工程师，也是一名来自斯德内赫米亚（Sde Nechemia）基布兹的律师。他告诉我："没错，水面可以算作水库的屋顶。"

2015年，我们开始筹备在以色列建设首个浮动式太阳能发电系统，选址位于阿耶莱特哈沙哈尔（Ayelet Hashachar）基布兹旁的水库。为了避免让人将其与2013年7月阿耶莱特

---

① 凉棚改革（pergola reform），重点是加快增加凉棚、建立安全屋、封闭阳台等小型建设工程的规划过程。

哈沙哈尔鱼塘的儿童触电事故产生联想，我们将其命名为加多特（Gadot）水库，尽管这个水库距离加多特基布兹有些许遥远。

我们已经搭建了一个小型浮动式太阳能发电系统，但在将其接入电网之前，我们还必须先让监管机构给出意见。我邀请了以色列电力管理局局长伊戈尔·斯特凡斯基（Igor Stefansky）到场查看，他一到现场便愤怒地喊道："你们疯了吗？法律明文禁止在水面上使用电力！"我回应道："那我们就看看法律具体怎么规定，找出需要修改的地方，不论是法律还是系统，我们都可以解决这些问题。"

整个过程非常漫长，且充满了复杂的官僚程序，包括与时任财政部部长摩西·卡隆沟通并寻求其帮助。卡隆要求以色列土地管理局暂时停止对浮动式太阳能系统征收费用。最终，以色列土地管理局决定不对使用净计量法运行的系统收取费用。然而，在第一个浮动式太阳能系统顺利运行3年之后，一起完全超出我掌控的事件，几乎使该系统在以色列的发展停滞。

一名军官的请求导致净计量政策转折

2018年1月，以色列空军几乎使以色列国内的太阳能发电发展停滞。由于空军基地占据了大量土地，拉蒙空军基地决定在这些闲置土地上安装太阳能电池板。

空军的思维方式与企业家截然不同。企业家通常谨慎行事，力求在稳步前进中避免过多的变动。而空军则不拘泥于此：既然拥有广阔的基地，那么便聪明地利用这片空间，通过安装太阳能电池板来大幅节省基地的电力开支。

当时，净计量政策的配额限制为5兆瓦，于是空军向电力管理局提出申请，要求将配额提升至30兆瓦。电力管理局担心电网容量会迅速耗尽，同时不明白为何要通过这种方式让空军受益。因此，电力管理局决定彻底停止对地面太阳能项目使用净计量监管。就这样，由于一名空军军官的请求，以色列官方明确了净计量政策只适用于屋顶系统，而地面项目被排除在外，不能享受同样的政策优惠。

如此一来，我们已经建成的水库上的浮动式系统就面临着新的管理难题。我们能否在水面应用净计量系统？那个认为水面可以算作"屋顶"的委员会工程师，并没有权力改变电力管理局的相关规定，而电力管理局则从未处理过浮动式系统。浮动式系统到底属于地面安装，还是屋顶安装？

技术问题也是我们必须克服的一个重要挑战。以色列电力公司表示，由于现有系统从未对水库上的浮动式系统进行过检测，他们目前没有有效的检测方法。如果要进行检测，必须使用船只来完成相关操作。

那么，船只的人力配置又该如何安排？谁有资格驾驶？船的防护高度需要多高？其复杂程度不言而喻。为了解决这些问题，我们决定修建一座大型桥梁以解决所有技术和管理难题。这座桥梁的规模非常可观，几乎可以与苏伊士运河上的旋转金属平桥媲美。不需要配备船只，也不需要新的人力配置，一切难题迎刃而解。

最终，以色列电力公司的一名检查员到场并询问水库的深度。在得知水库深度为3米后，他坚持要求我们在水面设置救生绳，如同我们在屋顶安装安全设备一样。尽管我们解释了水库的情况与屋顶不同，人掉入水中时，不会直接触及水库底部，但这一要求依然没有改变。由于水深超过3米，检查员坚持按照屋顶安全标准执行。将屋顶太阳能系统与水面太阳能系统进行类比，显然已经偏离了实际情况。

能源部部长的支持：浮动式太阳能发电系统突破政策障碍

不管怎样，关于浮动式太阳能发电系统是否应被视为屋顶系统并可以获准运行的核心问题，仍未得到明确解答。我心里盘算着，在以色列这种模棱两可的环境中，只有能源部部长亲自考察这个项目，这个问题才能真正得到解决，浮动式太阳能发电系统才能获得批准。

因此，我策划了一场正式的揭幕仪式，于2018年10月18日召开，并邀请了500名基布兹成员出席，时任能源部部长的尤瓦尔·施泰尼茨（Yuval Steinitz）也作为特别来宾参加了仪式。施泰尼茨对项目表现出极大的兴趣。本来他只计划停留5分钟，结果逗留了3个小时，并发表了一篇充满热情的演讲。能源部部长的认可，为浮动式太阳能发电系统带来了强有力的支持，自此，电力管理局几乎不再有否决项目的空间。施泰尼茨的到访成功推动了这一难题的解决。

我们在已建立合作的基布兹启动了浮动式太阳能系统的安装，同时向监管机构申请开展针对浮动式系统的竞争性招标。经过竞标，每千瓦时电价被设定为0.23新谢克尔。由于浮动式系统的设计要求较为复杂，成本也随之增加。具体而言，浮标需要稳固锚定，系统必须进行风力模拟来确保稳定性；此外，浮动式系统无法像地面系统那样跟随太阳轨迹旋转，同时还面临着腐蚀和防水性能的严峻挑战。正因为这些技术挑战，浮动系统的整体成本比地面系统更高。然而，浮动系统的优势在于无须占用土地，并且一般只需安装在电力需求较为集中的区域。与位于偏远地区的地面系统相比，浮动式系统在电网资源方面的节省尤为显著。

随着双重用途理念在各大规划机构中的推广，我逐渐成为该领域的重要代表人物。在各类相关会议上，我时常被临时邀请登台发言，简单分享浮动式系统的应用和实践经验。

与能源行业类似，规划领域也高度保守，而浮动式太阳能系统的提出彻底打破了固有思维。规划管理局的高层开始找我了解浮动式系统的潜在覆盖面积。我告诉他们，浮动式系统可以扩展至150~200德南。这个数字乍听之下有如不切实际的幻想，但他们很快意识到，浮动式系统能够取代地面项目，显著节约土地和电网资源。目前，以色列已经成功部署了覆盖面积达150~200德南的浮动式太阳能系统，几年前还被视为不切实际的幻想，如今已经成为行业现实。

双重用途理念的扩展

浮动式太阳能系统的应用启发了人们对太阳能电池板安装方式的深入思考，太阳能电池板不再只限于传统的地面或屋顶安装。因此，双重用途理念开始广泛传播。人们很快认识到，太阳能电池板还可以安装在垃圾填埋场、十字路口、高速公路上方，甚至国家输水管道上方等不同区域。

以农业用地为例，以色列的农业种植土地面积达到了350万德南，其中包括超过85万德南的果园面积。这些广阔的区域是安装太阳能电池板的潜在空间。

强烈的阳光是当前以色列农业种植的制约因素，我们经常看到果园里的果树覆盖着遮阳网。太阳能电池板能够在为农作物提供遮阴的同时生产电力，而且对于农民而言，来自太阳能发电的稳定收入可以让农业经济焕发真正的新生机。尽管种植园区的太阳能电池板安装密度较低，且需要克服特定的技术和环境挑战，但双重用途的应用为农业和能源生产的融合开创了新的机遇。

双重用途是以色列可再生能源革命的核心组成部分。我们甚至可以设想，未来的市政法规可能要求建筑物外墙安装太阳能电池板，就像耶路撒冷的建筑外墙必须用石材覆盖一样。当城市的建筑本身能够满足大部分电力需求时，这将显著提升能源安全性，并大幅减少空气污染。

然而，太阳能电池板的发展潜力远不止于此。我们可以进一步突破双重用途理念，将电力生产无缝嵌入日常使用的各类设备。以色列阿波罗电力公司目前正在研发可以灵活应用于各类场景的太阳能薄膜，例如车辆顶部或户外设备。当车辆停放在阳光下时，它可以同时进行电力生产。每一辆汽车都能够成为一个小型发电站，并将电力输入电网。这一技术创新将推动能源革命迈向新的高度。

第11章　储能革命

双重用途理念的成功实践，为能源生产带来了巨大的机遇，但也引发了新的挑战。屋顶太阳能电池板和水库太阳能电池板大幅提高了电力产量，然而，电网容量也逐渐接近极限。

了解电网建设的工作原理，有助于我们理解电网容量趋于极限的原因。发电厂产生的电流通常是低压电流，而日常家用电器通常也只能在低压条件下正常运行——以色列的标准电压为220伏。然而，如果我们尝试以低压直接输送全部电力以满足家庭和工业需求，那么电线将无法承受如此高的负载，并且最终可能会因过热而熔化。

例如，老式白炽灯的灯丝或保险丝盒中的保险丝，就是为了防止电气系统因过载而过热的。当电流过大时，电线过热熔化的风险会大幅增加，正如保险丝会在过载时烧断一样。

金属的类型和厚度决定了电线的导电性能。例如，白炽灯灯丝的设计采用极细的结构，这是为了增加电阻并提高灯丝的温度。然而，当电力需求上升到国家层面的规模时，电力传输和管理面临的挑战远比小规模电力系统复杂得多。以色列的电力消耗高峰功率可达15000兆瓦，而且这一数字还将持续增长。如果用低电压来传输大量电力，即使采用很粗的电缆，也难以有效完成传输。

在电力传输中，我们能够通过一根电缆输送足以供应整座城市的电力，这是一种令人称奇的技术现象。其背后的原理依赖功率方程式 $P = UI$，即功率（瓦特）等于电压（伏特）乘以电流（安培）。

电压可以被看作推动电子朝着预定方向运动的压力，而这种压力由发电机中的涡轮机产生。电网的限制主要在于电流——电子在电路中的流动——的大小。由于每根电缆固有的电阻，电流太强会导致电缆过热并最终熔化。

我们关注的核心是功率，即驱动电器运行的能量。如何在电流受限的情况下提高电网输送的功率？上述方程式为我们提供了解决方案。功率与电流的关系可以通过电压调节。因此，只需提升电压，便可以在不改变电流的情况下传输更多电能。用适当的变压器提升电压后，使用相同的电缆，便能传输成千倍的能量。

正是这种技术的进步，让我们能够获取电力。发电厂的低电压经过变压器的处理，转化为40万伏的超高压或16.1万伏的特高压。超高压无法直接供终端用户使用，只有以色列电力公司等专业机构能够接入。长约1000千米的超高压输电线路连接至11个变电站，在这些变电站中，电压被降至特高压，以便进行后续的电力分配。

以色列的特高压输电线路的总长度已达到约5300千米，并随着电网需求的增长而逐年扩展。一方面，输送到这些线路上的电源越来越多样化，尤其是来自大型太阳能发电设施的电力。但另一方面，电力的需求端同样在扩展，重工业用户的电力需求也在不断上升。大部分电力在传输过程都需要经过降压，转换为高压电。

以色列全国约200个变电站负责将特高压电力转换为较低的高压电，电力经过变电站的降压处理后，通过高压输电线路传输给各类用户。一些较小的电力生产商也可以通过这些高压线路向电网供电，与此同时，许多中等规模的工业用户（比重工业用户需求稍低）则依赖这些线路获取电力。当高压电到达居民区附近时，电力会再次被降压为适合家庭用户使用的低压电。屋顶太阳能电池板等小型电力生产商的电力也会被接入电网。

电网的"挤兑"

在通常情况下，高压和特高压线路都能够稳定运行。然而，一旦发生同步事件，电网就必须在短时间内提供大量电力，因而引发极端负荷的情况。例如，以色列电力需求在2022年1月26日创下历史新高。当天，由于恶劣的天气，大量用户开启了家中的取暖设备，导致当晚的用电功率达到14806兆瓦。

同步事件不仅发生在消费端，还可能出现在发电端。例如，以色列的太阳能发电功率在2022年5月17日中午12点52分打破了历史纪录，达到2376兆瓦。值得一提的是，太阳能发电产出最高的月份实际上是每年5月，而不是气温更高的夏季，因为高温反而会显著降低太阳能电池板的效率。

为什么电力峰值问题如此棘手？这一现象就好比银行的运作模式，公众将大量资金存入银行，而银行则将大部分资金用于放贷，因此银行在任何时间点都不会持有相当于其所有存款总额的现金。通常，这种情况不会构成问题，因为大多数时候，只有少数客户会同时提取资金。然而，同步事件的发生会直接暴露问题。当公众对银行的信任动摇，人们会开始"挤兑"，即同时要求提取资金，此时银行的流动资金无法满足所有客户的提款需求，进而导致金融危机的爆发。

为了防止这种情况，银行需要遵守外部监管，并维持一定的准备金率，即确保在任何时候都有足够的现金应对客户提取需求。不过，为了维持银行系统的高效运作，这一准备金率远低于1：1。

电网运行也面临着与银行挤兑相似的现象。例如，一个额定容量为100兆伏安的变压器可以服务于总用电需求为500兆伏安的用户群体，但这里的假设前提是所有用户不会同时要求"兑现"用电需求。

然而，当遭遇暴风雨等恶劣天气时，所有用户可能会同时要求"兑现"用电需求，导致电网承受极大的压力。虽然这种情况极为罕见，但电网难以应对频繁的同步事件，是不争的事实。

这也是太阳能为电网带来的挑战。太阳能逐渐引发更多的同步事件——当太阳同时照射所有发电设施时，所有发电站在同一时间发电，导致电力在同一时刻大量涌入电网。电网的拥堵就发生在这个极端的时间点上。

如果我们预计在暴风雨期间可能会因为突如其来的用电高峰而导致停电，类似的挑战也会出现在发电激增的情况下。与用电激增相比，发电量过度增加带来的后果更为严重。过多的电力涌入电网，可能导致输电线路超载，甚至可能导致线路过热熔化，最终引发整个电网的瘫痪。在这种情况下，建设新输电线路是应对电网拥堵的一个可行方案。然而，这是一个耗时、耗钱的过程，无法在短期内缓解电网的负荷压力。

在2020年的某个晴朗日子里，我们计划在尼尔伊扎克基布兹建设一套太阳能发电系统。我们向以色列电力管理局提交了并网申请，却被告知该地区的电网已无多余容量，无法再接入任何新的太阳能电池板。

为什么要严格限制电网的接入容量？这是因为在正常情况下，电网能够承载现有的电力负荷。但当发生同步事件时，例如所有太阳能发电商在阳光最强烈的时候同时发电并网，输电线路就可能因电流过大而过载，甚至熔化。

一旦理解以色列乃至全球电网的构建方式，我们就不难理解问题所在。电网的设计基于分散的电力需求和集中的电力生产，这为其带来了结构性挑战。如前文所述，以色列电网由分布在全国的变电站组成，这些变电站负责将特高压转换为高压。已知每个变电站大约有12条高压输电线路，通过简单计算可以得出，以色列大约有2400条高压线路。

尽管这些变电站分布在以色列全国各地，但整体分布并不均衡。大多数变电站位于以色列中部，而从阿富拉向北仅有约30座变电站，贝尔谢瓦以南则只有15座。然而，太阳能发电最集中的地区恰恰是南部，而该地区的高压输电线路稀少，且其容量本就有限。

以色列南部地区是建设太阳能发电系统的理想区域，原因十分明显。首先，南部地区的日照时间更长，全年光照条件优越。太阳能发电的逻辑很简单——云层较少的地区能够接收到更多的阳光，因此太阳能电池板的发电量就会更高。其次，南部地区的土地资源充足，更适合建设太阳能发电设施。

在以色列中部地区安装屋顶电力系统则面临着诸多困难。耶路撒冷的每一栋建筑都具有历史意义而且被列入了保护名录；丹区（Dan region）的大多数建筑则是城市更新项目的候选对象。因此，剩下的选项是地理上更加偏远的周边地区，即北部和南部的区域。不过，这些周边地区的电网已经接近饱和，特别是南部的高压输电线路只有180条，因此增加太阳能电池板的空间非常有限。

虽然可以通过增加更多高压或特高压线路，甚至将现有线路升级为更耐用的合金材料来缓解这一问题，但这些项目通常耗时较长，且成本高昂。例如，2008年以色列的电网投资为12亿新谢克尔，而到2019年和2020年，这一投资数字已攀升至每年29亿新谢克尔。

以色列能源部计划，到2030年实现可再生能源在以色列电力结构中占比达30%的目标，为此，以色列电力公司计划投入40亿新谢克尔用于升级输电网络，计划新增80座变电站及11000千米的高压输电线路。尽管这一投资对提升电网承载能力至关重要，但仍无法完全解决当前问题，因为大量待安装的可再生能源设施尚在排队，而电网已接近负载极限。

正如我们所看到的，太阳能发电的主要问题在于它会引发同步事件，即所有发电站会在白天日照最强的同一时段发电，并向电网传输电力。然而，如果我们能够将白天多余的电力储存起来，而不是立即输送到电网，情况是否能够有所改善？通过将白天产生的电力分配到更多的时段（如夜晚），我们不仅可以缓解电网的拥堵压力，还能够进一步提高太阳能发电量。

电力可用性挑战：如何在需要时保障电力输出

如果我们能够解决这个问题，也就能打破太阳能从辅助能源向主要能源转变的障碍。

电力是我们日常生活的持续需求。我们希望按下开关，灯光就能亮起，空调在需要时立即启动。但是，太阳无法在夜间提供能量，太阳能电池板在阴天的发电效率也会大幅降低。同样，风也无法持续吹拂，无法持续提供稳定的电力输出。

这形成了所谓的"鸭子曲线"。太阳能发电在白天中午达到峰值，在太阳落山时分急剧下降，而此时恰好是人们回到家中，开启照明和空调，电力需求激增的时刻。如果绘制全天电力生产曲线并扣除可再生能源产生的电力，我们会发

155

现，中午电力需求出现低谷，傍晚则快速上升，呈现类似鸭子的形状。

随着电动汽车的普及，问题将变得更加复杂，因为人们通常在下班回家时为车辆充电，而此时太阳已经落山。我将在后文详细解释，当成千上万的电动汽车同时接入电网充电时，其影响将是巨大的。如果我们希望用可再生能源取代传统能源，那么这些问题必须得到正视，并被有效解决。

在这一背景下，储能技术成为解决方案的关键，它将在可再生能源发电领域发挥颠覆性的作用。

尼尔伊扎克基布兹的储能设施：引领储能革命的先锋

我们把无法将更多发电设备接入电网的挑战转化为机遇，推动了可再生能源革命的第三阶段——储能革命。

诺法尔能源公司内部很早就意识到电网拥堵的趋势。早在2018年，我就已经根据电网和变电站的位置及南部电网的负载情况进行了计算。当时我得出结论：不出几年，以色列电网将达到饱和。因此，当电网满负荷运转时，我们已经做好了应对准备。

通常阻碍创新的官僚程序，这次却成为推动革命的力量。

我们向以色列电力公司提出了一个问题：尼尔伊扎克基布兹已经成功安装了一个太阳能发电设施，但由于你们不愿意进行复杂的电力负荷计算，所以这一太阳能发电设施预留了全天24小时的电力配额，尽管这些设施实际上只在白天发电。如果我们将原本白天用于太阳能发电的电量配额通过某种方式转移到晚上使用，会发生什么情况？

这是以色列历史上首次有人提出使用电网中预留的电力配额。最初，电力公司并不理解我们的提议——我们只是太阳能生产商，不拥有让太阳在夜晚发光的法术，至少目前还没有这个能力。但我们解释道，储能设施可以帮助我们施展这个魔术。

这促成了以色列首个储能设施的建设，该设施位于尼尔伊扎克基布兹。它采用锂离子电池技术，与许多常见用途的电池类似，但具备更大的储能容量。虽然尼尔伊扎克基布兹的储能设施规模较小，容量仅有3.2兆瓦时，但它表明了在现有电网条件下传输更多电力的可行性，并为解决电力可用性问题迈出了关键的第一步。

官僚程序当然没有消失，问题仍然存在：作为传统电力分销商的基布兹是否可以建设储能设施？成千上万页的法规并没有明确这一点，唯一提到的是，容量低于16兆瓦时的储能设施无须许可证。储能技术在当时是一个新兴概念，监管机构视其为未来的发展方向，不太可能在短期内实现，因此没有制定相应的规则或规范。对此，我再次采用了应对浮动式系统问题时的解决方法——如果能源部部长可以出席揭幕仪式，那么项目就没有问题。

但是当时，外部局势已经发生了变化，所以上次的计划已经不再完全适用，需要根据新情况对行动方案进行调整。我让女儿希拉向学校请了一天假，随我一同前往工作现场。我录制了一段她站在新建储能设施上的视频，开场白是："大家都在讨论储能，现在我想让大家看看什么是储能。"随后，我将视频上传至领英和脸书等社交平台，迅速引发了广泛关注，浏览量达到数千次。随后，我接到了时任能源部部长尤瓦尔·施泰尼茨办公室的电话：部长希望出席新建储能设施的揭幕仪式。

"我想我们没添麻烦，对吧"

我按照所有规定，精心准备了揭幕仪式。既然部长确认出席，其他相关专业人士也自然也会参加，包括电力管理局的工作人员、系统管理部门的代表等。

所有人员都如期出席了揭幕仪式，满怀好奇地考察储能设施。我还提前安排了电视台的报道，确保整场活动引发关注。在仪式上，部长赞赏地凝视着这座设施。当我向他表达感谢时，他转向电力管理局的工作人员，问道："我们为这个储能设施的建设做了什么吗？我想我们没添麻烦，对吧？"这话里的讽刺意味再明显不过了，电力管理局的人员显然明白其中的含义。

我的手机一整天都响个不停。平时我习惯在一天结束时回复并处理所有未读的WhatsApp消息，但那天直到凌晨2点入睡时，我还有106条消息没有处理。消息从早到晚，源源不断。

我接到了许多电话，其中有两通是我特别在意的，也是我一直在等待的重要电话。其中一通来自电力管理局负责电力分销的摩西·施特里特（Moshe Shitrit），他想知道我作为电力分销商做了哪些具体的事情。我已经为这次对话提前做了准备，因为之前，很多企业家已经向电力管理局咨询过关于储能设施的事宜，而他们的回应通常都含糊不清，只表示需要进一步考虑，没有立即给出明确答复。

我按照预先准备的解释回答道："摩西，容我先说明现有各类申请程序中存在的问题，之后再来谈我具体做了哪些事情。"我阐述了哪些行为是明确禁止的，哪些是尽管技术上可行但不符合规定的，最终解释了我采取的措施如何完全遵守现有的法规。摩西回应道："如果你做的就是这些，那我就放心了。"此外，部长亲自出席揭幕仪式的既成事实，也为这一项目增添了合法性。

第二个电话来自以色列电力公司负责电力行业运营的副法律顾问格尔肖恩·伯科维茨（Gershon Berkowitz）。他直接指出，我在尼尔伊扎克基布兹的行为涉嫌违规，认为电力分销商无权建设储能设施。

对此，我也早有准备。我略带轻松地询问道："既然电力分销商不能建设储能设施，为何以色列电力公司还发布了相关的招标公告？"尽管他声称电力公司已获得许可，但据我调查，这一切仍只停留在意向阶段，尚未获得正式批准。

为何这个话题如此敏感？2018年7月启动的电力行业改革允许以色列电力公司从事电力分销业务，但禁止其参与电力生产的相关活动。那么，储能究竟应被归为发电还是分销？如果是发电，那么以色列电力公司就不得参与储能业务；因为电力管理局对此有明确限制。在经历最初的不满之后，以色列电力公司意识到可以借鉴我的先例：能源部长已经认定储能属于分销商的职责范畴，因此，作为分销商的以色列电力公司同样有权涉足储能领域。

这一进展促成了诺法尔能源公司与特斯拉之间储能设施采购协议的签订，并推动了以色列电力行业的重大变革。自从能源部部长用实际行动批准储能项目后，各项相关流程明显加快，电力管理局也开始积极制定将储能纳入电力体系的规划。

太阳能发电与储能双剑合璧，挑战传统发电厂

储能技术赋能太阳能发电，推动了人类迈向完全依赖可再生能源、实现全天候运行电厂的关键一步。白天通过太阳能发电产生的电力，一部分会在白天通过电网进行传输，剩余的电量则会储存起来供夜间使用。在这种情况下，监管机构必须介入并批准这种动态分配的组合模式。

首先需要解决的是电价问题。目前，以色列家庭用户的电价为统一费率，而用电量较大的用户则根据供需波动，部分时段电价较高，另一部分时段则较低。在2010年设定的电价结构中，白天需求增加时适用高峰电价，夜间则为低价时段。

然而，太阳能电力的兴起改变了这一局面。虽然白天的电力需求依然很高，但太阳能等可再生能源的电力供应甚至超过了需求，导致原本白天电价高、夜间电价低的结构发生了倒置，夜间电价上升成为必然结果。储能实现盈利的核心在于通过供需差价获得效益，也就是说，将白天供给充足时的低价电力储存起来，待夜间供给不足时再释放。

储能技术在多个维度上带来了深刻变革，赋予了太阳能发电厂与传统电厂抗衡的唯一途径。随着价格革命的推进，太阳能发电的成本已低于天然气或燃煤发电。同时，双重用途理念的创新实践有效解决了空间问题，实现了在现有建筑物上安装太阳能发电设施，拓展了太阳能发电应用的场景。随着储能革命的展开，电网负载和电力供应可用性的问题也逐步得到缓解，太阳能发电商不仅可以与传统发电商竞争市场份额，甚至有可能实现超越。

剩下的关键任务是实现太阳能发电与储能之间的有效衔接，从而推动市场竞争。正是在这个阶段，电力管理局提出了"电力供应商"的概念。

那么，私人电厂如何销售电力？电力并不是通过专用线路直接从电厂传输到终端用户的，而是通过公共电网传输的。例如，如果某家位于阿什杜德的工厂希望使用多拉德能源公司（Dorad Energy）生产的电力，那么双方会签订协议，约定工厂从电网获取的电力将被视作来自多拉德能源公司的发电站。

我们不妨将电力系统比作一个巨大的封闭水池。水池的核心目标是保持水位恒定，既不升高也不降低；类似地，电力系统的核心目标是保持平衡状态，因此系统中的发电量和用电量必须相等。任何用电行为都相当于从水池中取水，而发电则相当于向水池中注水。如果有人在水池的一端取水（用电），那么在池子的另一端必须有等量的水被倒回池中（发电），以确保水位不发生变化（电网的供需平衡）。在电网系统中，这意味着用户端的电力消耗必须通过供应端的电力生产来保持动态平衡。

电网的运行有赖于生产与消费之间的动态平衡。由于以色列的国家电网是独立的，没有与其他国家的电网相连，所以电力生产和消费的调节仅限于国家范围内。但在欧洲，不同国家的电网相互连接并形成跨国的电力网络。因此，电力的生产和消费平衡可以在整个欧洲大陆范围内调节。

电力供应商是为了维持电网供需平衡而设立的商业实体。它通过整合不同区域的太阳能发电站和储能设施，构建一个能够全天候提供稳定电力的系统。这不仅保障了持续供电，还能服务多个从电力供应商处购买电力的终端用户。由电力供应商管理的系统不仅在价格上具备与传统电厂竞争的能力，还能助力以色列逐步迈向100%可再生能源发电的目标。

阿尔法值之争

为了尽早将储能技术融入电力行业，我率先发起与监管机构合作的倡议。储能与电网的整合进展不断取得积极成果，但情况在最近发生了转变，一个希腊字母阿尔法却几乎让我们所有的努力化为泡影。

第一个关键节点要追溯到2018年年初。虽然当时的可再生能源发电电价仍高于市场价，但是联合利华还是提出，希望向我们购买可再生能源电力。在这种情况下，我需要获得监管机构的批准。

我与联合利华的代表来到以色列电力管理局的办公室，参加会议的有时任电力与监管副总裁的努里特·加尔（Nurit Gal）博士，以及可再生能源部门主任霍尼·卡巴洛（Honi Kabalo）。我向他们阐述了太阳能电力生产商直接向像联合利华这样的跨国企业出售电力的方案。他们的答复非常明确——不允许。原因在于，如果拟出售的电力来自供应不稳定的太阳能电站，国家电网就不得不为此提供兜底保障。我回应道："我可以增加储能设施，避免对国家电网的依赖。"

尽管当时储能设施的成本依然较高，但我认为这一技术具有战略意义。我相信，随着技术的进步和时间的推移，储能设备的价格将逐步下降，从而使项目具备经济可行性。因此，我希望能够提前获得整合储能技术的许可，以确保项目在未来具备实施的条件。

164　　　然而，我试图在原则上达成合作的方案遭到了拒绝。在多次尝试未果后，我对霍尼的态度表达了不满，质疑其到底站在电力管理局的立场，还是在维护以色列电力公司的垄断地位。有着阿根廷式火爆脾气的霍尼马上拍桌起身，高声抗议，随后愤然离席，努里特则低声表示霍尼的行为不当。尽管会议未能取得实质性进展，但这一构想已经被正式提上议程，并引起了关注。

第二个关键节点发生在2018年12月，当时我参加了埃拉特–艾略特可再生能源国际论坛（Eilat Eilot International Renewable Energy Conference），并与努里特·加尔进行了交流。我向她提出了一个设想。虽然埃拉特市目前已经依靠太阳能供电，但夜间的电力供应仍需依赖国家电网，我建议让埃拉特市完全脱离国家电网，通过电池储能技术将白天多余的电力存储起来，供夜间使用；同时，我还建议配置发电机作为备用能源，以确保供电的稳定性。

我发现，这一方案能够显著降低成本，每年可以节省数千万新谢克尔。我向努里特展示了太阳能电池板和储能技术价格下降的趋势图，并通过具体的计算模型证明，整合太阳能电池板与储能系统的项目将能够在2021年前与传统电厂展开竞争，同时实现大约7%的投资回报。事实上，这一项目的市场价格在2020年就已经达到了预期的竞争水平。努里特对这些数据感到十分兴奋，而我也意识到监管正在朝着对我有利的方向发展。

第三个关键节点发生在2020年的新冠疫情封锁期间。当时，电力管理局主席艾萨夫·艾拉特（Assaf Eilat）辞职，代理主席约阿夫·卡萨沃伊（Yoav Katsavoy）上任。约阿夫与我通过视频会议，讨论了关于太阳能电力生产商销售电力的复杂监管问题。会议中，他被孩子围绕，一如典型的远程工作场景。在这次会议上，约阿夫提出了一个重要的观点：他回顾了我在2018年年初开始推动的太阳能电力生产商销售电力的相关流程，并指出，疫情期间的经验表明，地方政府的运行效率优于中央规划机构，这凸显了去中心化的优势。他因此认识到有必要推进相关措施，并计划探索实现该目标的途径。

第四个关键节点发生在2021年10月，当时，电力管理局的监管部门主任约西·索科勒（Yossi Sokoler）发布了一份题为"配电网生产与储能设施市场监管原则"的招标邀请。这一政策框架为可再生能源生产商通过电网销售电力提供了正式渠道。更重要的是，索科勒做出了一个关键决定：将阿尔法值设定为零，也就是在计算中不再考虑资本成本的分摊部分。

什么是阿尔法值？它是决定电力供应商向电厂支付其基础设施使用费用的金额，以及建设过程中资本投入金额的关键变量。

具体而言，最新实施的电价结构分为18个非高峰时段和6个高峰时段，高峰时段的电价相对较高。当前我们支付给电厂的电费为0.29新谢克尔/千瓦时，其中，电力的燃料成本只占总费用的约1/3，即大约0.09新谢克尔，剩余的0.2新谢克尔则用于补偿电厂在建设过程的资本投入。

当阿尔法值设定为零时，电厂的资本成本将不再平均分摊到所有时段，而是集中在6个高峰时段中进行分摊。具体来说，原本在18小时内分摊的每小时0.2新谢克尔的资本成本总共为3.6新谢克尔（18小时×0.2新谢克尔/小时）。这一总额将全部分摊到6个高峰时段的电价中，因此，每个高峰时段的电价将比市场价每小时额外增加0.6新谢克尔（3.6新谢克尔÷6小时）。

这就是高峰时段与非高峰时段电价差异显著的原因。在这种情况下，电力供应商可以通过为用户安装储能电池，与传统私营电厂展开竞争。一方面，用户可以通过储能电池在电价较低的非高峰时段存储电力，从而避免在高峰时段依赖外部电网和支付高昂的电费。另一方面，由于电力来自储能设备，电力供应商可以在非高峰时段供应更加优惠的电价。为应对这一趋势，诺法尔能源公司开始规划推动储能服务的实施，包括安装储能单元、签署采购协议等。

第五个关键节点发生在2022年。在招标邀请之后，电力管理局在开标之前举行了听证会，其间对计算方式进行了重大调整。阿尔法值最终设定为30%，也就是说，在电力采购市场价格的基础上，电力供应商还需额外支付相当于市场电价30%的资本成本。

阿尔法值的比例调整，缩小了非高峰时段与高峰时段之间的电价差距，显著影响发电商和储能技术的竞争格局，削弱了储能技术的盈利空间。储能系统的盈利模式依赖于在低价的非高峰时段购电，并在高价的高峰时段出售电力，以此赚取差价，并为消费者提供折扣。但按照调整后的电费结构，私营发电厂将能够从相对稳定的电价中受益，无须为消费者提供额外的价格优惠；而那些整合了储能技术的电力供应商则会因此失去与其竞争的能力。

这一调整的不合理性主要体现在两个方面：第一，2021年电力管理局向天然气发电厂支付了0.291新谢克尔/千瓦时的费用（且2022年的价格更高），而事实上，通过可再生能源与储能技术生产的电力成本却低得多，这表明天然气发电在当前条件下已不具备经济上的竞争力；第二，电力管理局最终出台的市场监管政策实际形成了不利于可再生能源生产商的歧视性规则。如此一来，以色列的政策在国际背景下显得非常不合常理——我熟悉的几十个国家已经认识到可再生能源的优势，并对其采取了支持性政策，只有以色列反其道而行。

在本书付印之际，以色列储能行业的未来仍然充满不确定性，其前景取决于监管机构是否会继续倾向天然气发电商，并维持那些阻碍储能技术融入以色列电网的电价政策。决定权完全掌握在他们手中。

电网储能解决方案

希望以色列电力管理局可以妥善解决阿尔法值的设定问题，并继续推动储能技术的发展和应用。

目前的技术解决方案，有望将电网的能源输送能力提升至原来的3倍。到2025年，以色列电力公司计划完成高级配电管理系统的采购，并启动额外的大规模电网建设与开发，届时，以色列将有可能构建一个支持100%分布式太阳能发电与储能的电网系统。

储能需求的规模取决于不同的计算方法。根据2019年以色列电力公司的估算，实现全国30%电力供应来自可再生能源发电的目标，需要4吉瓦的储能规模。时任电力管理局副总裁努里特·加尔与巴拉克·雷谢夫（Barak Reshef）在联合研究中则得出，达到相同目标所需的储能规模应为20吉瓦。

诺法尔能源公司的计算得出，实现这一目标所需的储能规模应达到约40吉瓦——需要注意的是，这一数据仅针对30%的可再生能源目标，如果要实现100%的电力来自可再生能源，储能容量还需大幅增加。加利福尼亚州电力行业的相关研究和数据分析结果，与诺法尔能源公司对储能需求的计算结果吻合。

在基于可再生能源的现代电力行业中，电力储能技术是最关键的解决方案之一。其背后有诸多原因，我们已经讨论了若干核心要点。首先，储能技术可以有效调节可再生能源的供需平衡。当白天发电量超过需求时，储能技术能够"削峰填谷"，将多余的电能储存起来，以备夜间或需求高峰时使用。其次，储能技术能够显著提升电网的整体运行效率，并支持在常规条件下无法接入电网的地区实现可再生能源设施的部署和应用。

储能技术的另一个重要优势在于其对电网稳定性的贡献，不论是在局部层面还是系统层面。当风力骤停或再度起风，或是云层暂时遮挡太阳时，电力生产可能会急剧波动。此时，电网需要立即进行调节并维持稳定。储能技术为此提供了理想的解决方案，能够确保电网更加平稳和连续地运行。

电网频率的稳定，目前主要依赖使用化石燃料的传统发电机设备，不仅污染严重，运行成本也较高。相比之下，储能技术是一种更为环保和经济的解决方案。电网频率必须在电力生产和消费之间保持精确的平衡与协调——在以色列，这一频率为50赫兹。当某个生产单元停机、负载变化或用电量出现波动时，电网频率可能偏离这一标准，进而对其安全运行构成潜在风险。

电网主要依赖运转备用①机制来维持频率稳定。也就是说，燃气轮机要始终保持在预启动状态，并与电网系统保持独立连接。然而，这种模式必然导致燃料的持续消耗，用户因此承担了高昂的费用，而这一切仅仅是为了在紧急情况下确保燃气轮机能够在数分钟内迅速发电，以维持电网频率的稳定。相比之下，储能系统在无须燃料消耗的情况下，能够完成同样的任务，同时具备更快的响应速度，大幅提升电网的稳定性和运行效率。

储能系统还具有稳定电压的功能。当太阳能电池板在强光照射下全功率运行时，电网可能会出现电压波动。目前，电容器和电压稳定器是稳定电压的主要途径。然而，储能电池能够独立完成稳定电压的功能，无须依赖其他设备。具体而言，当电网的电压过高时，储能电池可以吸收多余的电能；

---

①　运转备用指电力系统中的一种备用能源，在主要发电机出现故障或突发负荷增加时提供紧急电力供应。

当电压过低时，储能电池可以将储存的电能释放到系统中。

此外，储能电池系统还能够支持"黑启动"（black start），即帮助电网系统在发生崩溃后恢复运行。电厂需要外部电力来维持其关键功能的运行，因此在不发电的情况下，它必须依赖外部电源进行重新启动。当前，柴油发电机是黑启动的主要电源，但集中式或分布式储能电池系统可以简化黑启动过程，无须依赖传统发电机就能更高效地完成启动工作。

电网的另一个关键应用场景是调峰电厂（有时称为调峰机组），其主要功能是应对负荷波动。调峰电厂目前主要由燃气发电厂承担，它们通常保持在待机状态，能够在电力需求高峰或紧急情况时快速启动并提供额外电力。虽然这类发电厂的运行成本高昂，而且会造成较大的环境污染，但电力行业一直缺乏有效的替代方案。储能系统是比调峰电厂更具成本效益、更加环保的替代方案，能够在瞬间启动，而调峰电厂通常需要10~30分钟才能完成启动。储能技术是推动电力行业进步的关键贡献之一。

鉴于储能技术的显著优势及成本的不断下降，全球各国正加速将储能技术整合到电力系统中。储能电池被广泛应用以补充太阳能和风能的发电能力，成为维持电网稳定的关键工具。储能系统的应用，让世界能够更顺利地过渡到以可再生能源为主导的电力结构，无须过多担忧太阳能和风能的间歇性问题。这一趋势也应成为以色列未来能源战略的重点方向。

如果锂的价格上涨怎么办？其实，储能技术并不局限于使用锂电池。目前已有多种创新的储能技术可以与传统电池互为补充，其中包括一些来自以色列公司的产品。

例如，以色列奥格温德（Augwind）能源存储公司开发了一种基于压缩空气的储能方案。该技术通过电能压缩空气并将其储存在大型储气单元中，在需要时释放压缩空气，推动涡轮机发电。

以色列储能投放（Storage Drop）公司也开发了类似的技术解决方案。该公司在阿什杜德港建立了一个实验设施。不过该技术目前仍面临效率问题，我们将在后文进一步探讨。以色列布伦米勒（Brenmiller）热能储存公司采用了另一种方法，将电能转化为热能并储存在碎石中，然后再将其转化为电能。

以色列诺斯特罗莫（Nostromo）公司则利用太阳能，将能量储存在用于空调系统的冰胶囊中。在这种技术方案中，发电厂仍继续提供电力，但通过冰胶囊储能技术，空调系统的能耗大幅降低，实现了显著的节能效果。储能技术并不依赖单一类型，显然，无论未来电网如何发展，储能技术都将是其中不可或缺的组成部分。

　　本章介绍了以锂电池为核心的短期储能革命，这场变革是眼下正在发生的现实。我将在本书的后续章节讨论另一种与锂电池等技术相辅相成的储能形式——基于氢能的长期电力储存技术，这一技术将同样成为能源革命的重要组成部分。

第 3 部分

电动化的未来

在本书的前两部分，我们既回顾了历史，又探讨了当下，如今正是放眼未来的关键时刻。随着多项技术的不断成熟和经济的发展，电网将在不久的将来呈现全新的格局。氢储能技术即将实现经济性和实用性，这要求我们提前规划并采取应对措施。电动汽车的革命已经崭露头角，其全面推广将对现有电网产生强烈冲击，甚至撼动其根基。当上百万辆电动汽车在道路上行驶，并在晚间高峰时接入充电网络，现有电网将面临一场彻底的变革——但这将是向更好方向的转变。这两大变化趋势，再结合前文所述的技术进展，势必推动电网深度调整，向更加灵活、智能的形态转变。我将在本部分探讨这些不可避免的变革。

第12章 氢能：
打破季节限制的太阳能革命

电网容量限制和可再生能源供应间歇性的问题推动了储能技术的迅速发展，引发了一场储能革命。通过白天储存电力、夜间使用的储能电池技术，我们不仅能够缓解白天电网的负荷，还能推动更多储能设施的建设。储能电池技术的突破，也解决了太阳能供应的间歇性带来的挑战。即使在无阳光的时段，电力依然可以持续供应。由此，太阳能首次有能力与传统发电厂一较高下。

然而，单靠这些措施仍不足以实现以色列100%使用可再生能源发电的目标。即使我们充分开发太阳能发电设施，并建设庞大的储能系统来应对昼夜的不同需求，冬季的到来仍会让我们的努力显得捉襟见肘。

以色列每年有60个雨天，而且有一段是持续多日的连绵阴雨，总时长约1440小时。我们在尼尔伊扎克和其他基布兹建设的锂离子储能设施根本无法应对如此大规模和长时间的电力需求。要储存足够的电力以应对连续多日甚至数周的用电需求，尤其是在冬季高峰期满足住宅供暖等大量电力需求，成本极其高昂，且技术上几乎难以实现。

前述其他储能技术也存在各自的局限性。具体而言，诺斯特罗莫公司通过太阳能储存冷空气，以替代传统的空调制冷系统，因此不适用于季节性储能。布伦米勒公司的热能储存技术虽然有效，但其应用仅局限于本地化和短期储存。奥格温德公司和储能投放公司都提出了利用压缩空气储能的方案，这一技术理论上可以用于季节性储能。

然而，空气压缩储能技术的成本高昂，成为制约太阳能季节性稳定供应的重大挑战。此外，空气压缩储能技术的效率问题也是一个重要挑战，特别是在储存和转化过程中的能量损失。我们将在后文对此进行更详细的讨论。

我们能否找到一种成本合理，适合大规模应用，效率高且能够解决季节性储能问题的技术？答案是肯定的，这项技术依赖一种全新的储能方式——氢能。

无污染的清洁能源生产

很遗憾，许多传统的能源生产方式都伴随着环境污染。燃烧化石燃料会向大气排放大量二氧化碳，进而加剧温室效应；燃煤会排放大量颗粒物，直接威胁人类健康并增加死亡风险；汽油发动机会排放氮氧化物和一氧化碳等有害物质，严重污染空气；相对清洁的天然气也会在燃烧过程排放一定的污染物。相比之下，氢能无疑是一种理想燃料，其能量转化的唯一排出物是水。

氢能的生产途径多样，其中较为常见的是燃料电池技术。该技术将氢气和氧气引入燃料电池，在电化学反应过程中，一侧输出电能，另一侧则生成水。

燃料电池是如何运作的？其结构类似一个三明治，核心是电解质，两侧分别是阳极和阴极。电解质是一种传导离子的材料，它允许带电的原子或分子（离子）通过，从而实现电荷的传递。当氢气被引入阳极时，阳极的设计材料允许氢气中的正离子通过，但阻止电子穿过。氢气分子（H_2）在阳极被分解为带正电的氢离子（H^+）和带负电的电子（e–）。这些从氢气中分离出的电子通过外部电路流动，形成电流，从而产生电能。与此同时，氢气中的正离子（H^+）通过电解质移动，向阴极方向迁移。当正离子到达阴极时，氧气也被引入阴极。正离子与氧气以及从电路中回流的电子结合，在阴极形成了水（H_2O）。

燃料电池可用于客车、货车，或作为紧急备用电源。例如，2019年，位于以色列哈代拉的希勒雅法医学中心（Hillel Yaffe Medical Center）开始使用燃料电池为医学影像系统提供备用电力。其优势在于，即使出现轻微电压波动，医疗设备依然能够不间断运行。这是因为燃料电池系统与传统柴油发电机不同，没有机械部件，可以实现持续稳定的供电。

在当前阶段，燃料电池技术尚未成熟到适合大规模电力生产的程度。现有燃料电池的发电能力通常在5~10千瓦之间，远低于大型电力系统的产出。此外，燃料电池的高昂成本也是一个亟待解决的挑战。然而，专注于生产大型天然气燃料电池的布卢姆（Blum）公司已开始研发适合大规模应用的氢燃料电池，其发展值得我们持续关注。

氢气还可以通过燃气轮机发电。早在2009年，意大利国家电力公司就在威尼斯附近的富西纳（Fusina）运营了一座实验性发电厂，完全依赖来自邻近设施的氢气发电。这座电厂的发电量为16兆瓦，但短短两年后便因运营成本过高而宣告关闭。

由瑞典国家全资拥有的瑞典大瀑布电力公司（Vattenfall）在荷兰运营了一座使用燃气轮机发电的马格南（Magnum）联合循环电站，其产能达到1.4吉瓦。该电站计划逐步将30%的燃气发电替换为氢气发电，并预计在2030年左右实现完全依靠氢气发电。

位于美国犹他州的因特芒腾电力局（Intermountain Power Agency）目前通过30%氢气与70%燃气混合发电，产能达到840兆瓦，预计在2045年实现完全依靠氢气发电。如今，越来越多的燃气轮机制造商进入这一领域，氢气涡轮机的转换效率不断提升，成本也逐渐降低。

　　西门子和劳斯莱斯等巨头企业也于近期开始涉足氢能领域，并致力于开发氢气涡轮机，预计在未来几年内投入市场。与可再生能源相比，氢气涡轮机的显著优势在于其即时可用性：能够在需求高峰时即时提供电力，不依赖阳光或风力等自然条件。实际上，氢气涡轮机的广泛应用，有望推动传统能源的转型，实现无污染的清洁能源。但在我们将氢气视为理想燃料之前，还有一个关键问题亟待解决：如何在商业环境中大规模生产和获取氢气？

氢的不同色彩

　　毫无疑问，氢是宇宙中最丰富的化学元素，约占所有原子总数的75%。然而，氢在自然界中几乎不以单质形式存在。当氢气从其他元素中分离出来时，密度最小的氢气会迅速上升至大气层的上层。因此，氢主要以化合物的形式存在。为了提取氢气，我们必须输入一定的能量来打破这些化学键，将氢气与其他元素分离。

　　目前，通过工业流程大规模生产出来的氢气大多用作原材料：55%用于制氨，25%用于石油精炼，10%用于甲醇生产。高达95%的工业用途氢气来源于化石燃料。化石燃料中的氢气主要来源于远古生物体内的有机物，这些有机物通过复杂的地质过程转化为碳氢化合物，成为现代工业提取氢气的重要来源。

例如，天然气的主要成分是甲烷（CH_4），其分子由1个碳原子（C）和4个氢原子（H）组成。通过高温（700~1000℃）和高压下的蒸汽重整反应，我们可以将甲烷分子中的氢分离出来。

但很明显，在蒸汽重整反应过程中，碳也会被释放到大气中。当前工业生产的绝大部分氢气就是通过这种会造成污染的工艺技术制取的，这类氢气被称为"灰氢"。另一种污染更为严重的制氢方式是将褐煤（污染较大的煤种）在超过700℃的高温和高压条件下气化以制取氢气，这类氢气被称为"褐氢"。此外，还可以通过质量较高的黑煤制取氢气，这种氢气被称为"黑氢"。

正如前文所述，从天然气制取氢气的主要问题在于碳排放。那么，有没有可能通过技术手段捕获排放到大气中的碳？从技术角度来看，我们确实可以通过碳捕获和封存技术，将制氢过程产生的二氧化碳捕获并存储，减少环境污染。采用这种技术生产的氢气被称为"蓝氢"。

许多人认为蓝氢是推动人类迈向清洁能源未来的希望。但问题在于，蓝氢的生产成本高昂且工艺复杂，最近的研究表明，它距离真正的清洁氢气标准还有很大距离。一方面，蓝氢的生产过程仍然会排放大量碳；另一方面，生产蓝氢所消耗的能量导致其碳足迹比直接燃烧天然气或煤用于供暖高出20%，甚至比燃烧柴油供暖高出60%。

因此，"绿氢"是目前唯一真正可以称为清洁氢气的类型，它通过电解水直接生产。实际上，氢气的命名本身就来源于水。现代化学之父安托万·拉瓦锡用希腊语"hydro"（水）和"genes"（生成）命名了这种气体，因此，"hydrogène"（法语）的意思就是"制造水的元素"。众所周知，水的化学符号是H_2O，代表两个氢原子和一个氧原子。

我们周围充满了氢，但要有效地从水中提取氢并不容易。水分子非常稳定，难以分解。为了分离出氢，我们必须投入大量的电能或其他形式的能量来驱动电解过程，以打破水分子中氢和氧之间的化学键。在这个过程中，我们会将两个电极浸入水中，正极吸引带负电荷的氧气，而负极吸引带正电荷的氢气。

目前，通过电解法生产的氢仅占全球氢气总产量的0.1%，主要原因是成本高昂且转化效率较低。利用天然气制氢的成本通常为每千克1~3美元，而利用煤炭制氢的成本则为每千克1~2美元。相比之下，利用可再生能源通过电解制氢的成本为每千克3~7.5美元。

从逻辑上讲，电解制氢的成本不会永远维持在高位。我们正处在一个至关重要的转折点——经验曲线效应即将发挥作用。当生产规模扩大，设备的制造成本也必将大幅下降。

氢能是改变未来能源版图的力量

氢能在全球范围内的发展势头迅速增强，尤其是在工业领域，人们正在积极探索氢能作为车辆燃料的可能性，以替代传统的汽油和柴油燃料。锂电池驱动的电动汽车已经在全球多个市场逐步推广应用，氢燃料电池汽车的数量也在稳步增长，而日本在这一领域处于领先地位。

2011年3·11日本地震重创了当地的核反应堆并导致大规模停电，这一灾难事件促使日本政府重新审视其高度依赖集中化的核能的能源战略。作为应对措施之一，日本决定大力投资氢能技术的研发，并迅速取得了显著进展。丰田Mirai等氢燃料电池车已经在过去几年陆续上市。

在欧洲，氢能的研究与开发同样得到了广泛支持。2020年7月，欧盟委员会公布一项全面战略，计划通过氢能推动欧洲实现碳中和转型。该战略预计到2050年将投资1800亿至4700亿欧元，重点支持由可再生能源生产的绿氢——其原因在于使用化石燃料制氢，无法显著减少碳排放。

2020年9月，法国政府发布国家氢能战略，承诺到2030年至少投资70亿欧元，推动低碳氢能产业的发展。同年，德国的宝马推出了首款氢燃料电池车iX5 Hydrogen，并于2022年开始生产氢燃料电池。

氢气生产的前景同样乐观。电解槽硬件成本的快速下降推动了绿氢生产成本的显著降低，这一趋势与过去10年间太阳能电池板和锂电池的价格变革如出一辙。

标准碱性电解槽系统的资本性支出大幅下降。2016—2017年，这一系统的成本约为每千瓦1000美元，2018—2019年降至每千瓦800美元，2022年则进一步下降至每千瓦300~500美元，出现了明显的断崖式下跌。

这一成本下降趋势对绿氢的生产成本产生了直接影响。过去10年间，绿氢的生产成本从每千克10~12美元下降到了2022年的每千克3~7美元。专家预测，2023—2024年，绿氢生产成本将继续下降至每千克1.50~2.50美元。届时，绿氢在成本上将比其他氢气类型更具竞争力。

效率比拼：氢气压缩储能 vs. 空气压缩储能

氢储能技术的关键挑战之一在于效率问题。效率是衡量有多少能量转化为实际应用的比率，亦即氢能释放的能量有多少用于实际功率输出，有多少以热量或其他形式流失。

联合循环电站是当前最具效率的燃气发电设施，例如以色列的哈吉特（Hagit）联合循环电站。它们利用涡轮机余热加热蒸汽罐，从而实现再次发电，整体效率大约可达57%。相比之下，燃煤电厂的效率通常只有大约40%。

我们已经在前文简单提及，奥格温德公司的空气压缩储能技术也存在能源效率的挑战。具体而言，这项技术是通过压缩空气产生的强劲水流来推动涡轮发电。问题在于空气在被压缩的过程中会产生大量热量，而能量损耗会随着热量的升高而不断增加。

奥格温德公司在2020年12月表示，其压缩空气储能系统的整体效率可达75%~81%。这意味着在空气压缩和能量释放的整个过程中，大部分能量都能得到有效利用。如此出色的效率表现或使空气储能技术在行业中占据领先地位。

同年，我在位于雅库姆基布兹的奥格温德公司总部与创始人奥尔·约格夫（Or Yogev）博士会面，其间我请教他如何实现如此出色的效率水平。尽管我承认他在技术领域的智慧，但是受过物理学专业训练的我对这一效率水平却颇有疑惑。根据著名的理想气体定律$pV=VT$，压力（p）与体积（V）的乘积等于温度（T）与常数（R）的乘积。也就是说，随着压力增加，温度随之升高，而温度上升必然伴随着热量增加，进而导致能量损失。因此，我向奥尔博士表示，从物理学角度来看，我难以理解他们如何实现如此出色的效率水平。我还半开玩笑地说，如果他们的系统效率达到70%，我愿意在埃拉特市招待他一顿晚餐。

果不其然，奥格温德公司在其2022年投资者报告中，将最初承诺的理论效率水平下调至70%。然而，奥格温德公司在亚赫勒（Yahel）基布兹实验设施公布的实际数据显示，其实际总体效率仅有29%。尽管较上一年的21%有所提升，但距离70%的目标仍然有很大差距。当他们实现这一目标的那一天，我在埃拉特市招待一顿晚餐的承诺依然有效。

奥格温德公司的效率水平问题终于浮现出水面。2021年12月，奥格温德公司与以色列电力公司签署一份协议，计划在迪莫纳的变电站安装一座容量为40兆瓦时的储能设施。然而2022年8月，以色列电力公司以"项目执行所需的关键参数尚未得到验证"为由，取消了这项协议。换句话说，奥格温德公司未能实现其承诺的效率水平。

这项协议的取消给奥格温德公司造成了双重损失：一是直接的合同收入损失，大约为800万美元；二是股价暴跌带来的财务影响。作为一家上市公司的控股股东，我深知股价波动并非衡量公司长期价值的唯一标准，但奥格温德公司的实际表现远远不及其高调承诺，因此投资者的失望是可以理解的。以色列储能投放公司也出现了类似的情况。虽然其研发的空气压缩储能技术的效率达到了60%，高于奥格温德公司，但这家公司在2022年的市值也有所下滑，且尚未证明其效率足以支撑更高的市场预期。

除了效率水平，氢气压缩相较于空气压缩的另一个显著优势在于氢气能够在更高的压力下压缩。具体来说，氢气在同等条件的储罐中可以储存的能量密度，是空气的1000倍左右。除了通过高压压缩储存，我们还可以采用一种无须压缩的方式来储存氢气：在大规模生产的条件下，氢气可以储存在具备封存能力的地下地质结构中。

这种方法被称为地下储氢技术，目前已有多个相关项目。例如，荷兰的HyStock项目利用盐矿储存氢气，奥地利的Sun Storage项目和阿根廷的Hychico项目则将混合氢和纯氢泵入天然气田。

下文我们将深入探讨氢储能技术的实际效率问题，即氢气在储存和转化过程中的能量损失程度。

氢气作为储能介质，需要经过两个关键的能量转换阶段：一是生产氢气阶段需要投入能量；二是氢气转化为电能的阶段。因此，我们在计算氢储能的效率时，必须考虑这两个方向：输入——通过电解过程生产氢气；输出——通过燃料电池或涡轮机，将氢气转化为电能。

当前电解技术的效率约为76%，燃料电池的效率可达60%，涡轮机的效率约为50%。因此，整体能量转化效率是电解过程和发电过程效率的乘积：采用燃料电池时，总体效率约为45%；采用涡轮机时，总体效率约为38%。

然而，氢气的整体能量转化效率有望进一步提高。例如，由以色列理工学院的研究人员与以色列韦伯（Viber）即时通信公司创始人联合创立的H2Pro公司，开发了一种名为电化学–热活化化学（E-TAC）水分解的先进电解技术，其氢气生产效率最高可达98.7%。

E-TAC水分解技术分两个阶段，分别产生氢气和氧气。在第一阶段，阴极产生氢气，而阳极则发生电荷积累。在第二阶段，阳极在带电状态下通过加热触发自发的化学反应并生成氧气。这一过程不再需要电能支持，显著节省了能量。

从理论上讲，提高氢气发电的效率并不存在技术障碍。即便我们假设未来无法进一步提高效率，如果氢储能技术可以投入大规模商业应用，其整体效率仍可达到59%~64%，远远超过了目前最具效率的燃气发电厂。

提高效率是实现高效且低成本的电力储存的关键因素，因此，E-TAC水分解技术具有颠覆性的潜力。我曾经对H2Pro公司表现出强烈的投资意向，但在得知比尔·盖茨已是该公司的投资者之一后，我明白他们不再需要额外的资金支持了，于是只能继续寻找其他投资机会。

以色列的氢能愿景

诺法尔能源公司率先进入了以色列的浮动光伏系统市场，基于对未来能源需求的洞察，我们认识到只有大幅拓展双重用途理念，才有可能实现可再生能源的目标。诺法尔能源公司也是首家引入锂电池储能系统并成功并网的企业，同时还在积极推进以色列氢能愿景和季节性储能的战略布局。

2022年，我们与西门子计划在以色列实施首个氢能系统试点项目。该系统将与太阳能光伏电池板连接，利用所产生的电能驱动电解器进行水电解，而非将电力直接并入电网。单台电解器的额定制氢能力为每小时约335千克，系统总装机容量为17.5兆瓦，电解效率可达约76%。在每天运行8小时的情况下，如果使用4台电解器，该系统每日将消耗约107立方米的水，生产约10000千克的氢气。

这些氢气可以使用高压罐储存，而且储存成本几乎可以忽略不计。如果出现电力需求，系统会将之前储存的氢气送入燃气轮机，通过燃烧或其他方式将氢气的化学能转换为电能，从而实现灵活的电力供应。由于燃气轮机的发电效率约为50%，所以端到端（即从生产到输出）的整体能量转化效率约为38%。

　　尽管当前通过氢储能生产电能的成本高于直接用太阳能发电并输送到电网的成本，但氢储能技术不仅可以为阴雨天储存电力，还可以减少我们在冬季对昂贵且污染严重的传统能源系统的依赖；从长远角度来看，这种应对天气变化和季节性能源需求的能力，或将使其成为值得投资的技术。更值得关注的是，氢储能系统的效率预计会随着技术进步不断提升。例如，如果H2Pro的E-TAC水分解技术能够证明其在商业上具有可行性，也就是说，能够在可接受的成本范围内实现广泛应用，并且进一步优化氢气的转化效率，那么其整体系统效率有望提升至约70%。商业可行性和效率提升是相辅相成的：只有当效率足够高、能够降低单位电力成本时，系统才具备长期的经济价值。

　　正如前文所述，随着技术进步和规模经济效应，光伏系统逐渐比传统替代方案更具成本效益。以0.08新谢克尔/千瓦时的电价为例，当电能被用于电解并生成氢气，由于氢储能系统的整体效率仅为38%，这就意味着初始投入的0.08新谢克尔/千瓦时电力只能有效转换38%的能量用于发电。换句话说，每千瓦时的电力成本将因效率损失而增加至原来的2.6倍，达到0.21新谢克尔。

　　由此可见，氢能发电的净成本略高于天然气发电。然而，天然气发电的综合成本（包括建设和稳定电网的费用）是0.3新谢克尔/千瓦时。因此，即便将氢能系统的建设和储存成本纳入计算范围，它仍然是一种具有潜力的替代方案。随着电解槽及其他设备的成本持续下降，氢能行业的前景非常光明，或许更贴切地说，氢能将会迎来一个"绿色"的未来。

尽管其发展前景乐观，但我们也必须认识到，以色列并不是开展绿氢项目的理想地点。主要原因在于我们依赖单一的太阳能发电，而太阳无法在夜间提供电力。这意味着，昂贵的电解槽设备每天只能有2至7小时能够利用绿色电力将水转化为氢气。相比之下，北欧和南美等地区具备多样化的能源来源，如太阳能、风能和水力发电，因此这些地区更有可能率先实现用绿氢取代天然气的能源目标。

如何在以色列推动绿色氢储能的发展？首先，我们必须在未来几年里大幅提升可再生能源发电的比例，同时拓宽能源来源的多样性。具体而言，在不依赖氢储能的情况下，我们可以在数年内将可再生能源发电占比提升至约50%。与此同时，我们可以假设随着电解槽成本的显著下降，氢储能将为进一步提高可再生能源的电力稳定性提供有力支持。

目前，以色列正在建设天然气基础设施，这些设施在未来只需经过适当改造便可支持氢气的输送。值得一提的是，法国和德国已在2022年12月宣布了类似的天然气基础设施改造计划。其重要性在于，通过合理的规划和战略眼光，天然气不仅可以为以色列提供实现100%可再生能源发电目标所需的过渡期，还能够为未来氢能储存和输送提供现成的基础设施，避免大规模的额外基建投资。

氢能的更大潜力

氢气的作用远不止为电网提供清洁电力。由于氢气的能量密度远高于锂电池，未来，它有望为那些无法通过电网直接获取能源的应用场景提供燃料解决方案。

让我们回顾一下能源转型的根本构成部分。正如我之前提到的，人类从古代到现代的能源变革，分为两个关键阶段：第一，瓦特改进的蒸汽机极大地提升了人类获取和利用能量的能力；第二，爱迪生最早创建的直流电电网系统以及特斯拉改进的交流电电力系统推动了能源的高效传输，使电力能够普及工业、家庭和城市生活的方方面面。

尽管电网扩展极大地推动了现代社会的进步，但它们仍无法满足某些关键工业领域对极高能量输出的需求。电网依靠功率方程实现了灵活的电力调度和传输能力，但它毕竟是受制于地理位置的电线网络，难以处理重工业等领域所需的高能量需求。此外，即使将全球所有可再生能源集中使用，我们依然无法提供制造钢铁或水泥所需的高温，而这些行业正是现代经济的支柱。

氢气是一种理想的能源载体。氢气不仅具有高能量密度和便于运输的特点，而且还能作为燃气轮机的燃料，因此是一种极具潜力的清洁能源选项——即使是电力无法覆盖的行业。如前所述，北欧国家是发展绿氢的理想场所，但氢气在这些国家的应用不仅局限于电力领域——其最具潜力的直接商业应用体现在重工业，尤其是炼钢领域。北欧国家拥有丰富的可再生能源资源，因此其能源成本相对较低，吸引了大量高耗电行业。钢铁行业需要极高的热能（炼钢时通常需要超过1500℃的高温），电力通常无法有效提供这种极高温度，但绿氢作为一种高能量密度的燃料，能够为这种需求提供有效的解决方案。

美国也有望在未来几年里开展类似的绿氢项目。2022年，拜登总统任内通过的《通胀削减法案》（*Inflation Reduction Act*）包含针对绿氢项目的补贴政策。这些国家补贴有助于弥合经济差距，推动氢能项目在短时间内成为可行的现实。

除了重工业，氢气的另一主要应用是为电网难以覆盖的领域提供能源，尤其是在交通运输领域，如重型车辆。正如我将在下一章里讨论的，我们还需要密切关注交通领域正在发生的变革，即电动汽车革命。

第13章 电动汽车的爆发式增长

截至目前，我们已经回顾了电网从煤炭发电过渡到天然气发电，再转向太阳能发电的转型过程。然而正如我们在上一章提到的，电力并不是现代社会唯一的能源形式。如果我们希望呼吸到更加清洁的空气，并迈向一个低碳未来，就必须关注那些目前尚未依靠电力的行业。交通运输领域就是其中一个关键领域，它正悄然经历着一场多维度的革命。

截至2022年，以色列道路上已有超过18000辆电动汽车在行驶——本人就是一名电动汽车用户。特斯拉是以色列电动汽车市场的主要参与者，也是全球电动汽车行业的先锋之一。在本书撰写之时，特斯拉刚刚宣布其在以色列的第10000辆电动汽车成功交付。这一数字在几年前还是遥不可及的梦想，但2021年，以色列电动汽车数量就达到了16251辆，是2020年的3.6倍；2019年，以色列电动汽车数量仅有大约1200辆，2018年更是只有655辆。这一趋势与全球其他地区的情况相似。2012年，全球大约售出12万辆电动汽车；2021年，全球电动汽车的每周销量就已经超过12万辆，全球年总销量更是达到了660万辆。截至2021年，全球电动汽车总量约为1650万辆，是2018年的3倍。

我们是如何实现这一飞跃的？未来的发展方向又将如何？

汽车尾气污染

即便只站在汽油或柴油车旁片刻，我们也能感受到尾气排放带来的不适感。内燃机在产生能量的过程中会向空气排放大量污染物，其中包括燃烧产生的二氧化碳。二氧化碳是一种无色无味的气体，我们通常无法通过感官（看、闻、触等）直接察觉到二氧化碳的存在，但它是温室效应的主要推动因素之一。据估计，全球约25%的温室气体排放源于交通运输，而这一比例在以色列更是高达约35%。绝大部分的二氧化碳排放并非来自飞机或船舶，而是来自道路上的汽车。

然而，二氧化碳并不是直接影响周围环境的污染物，汽车尾气中还包含了其他有害气体和物质，例如一氧化碳及氮氧化物等有毒气体。一氧化碳被人体吸入后，会与血红蛋白结合，降低红细胞携氧能力，导致组织缺氧，严重时可引发窒息死亡。

尽管制定了一系列严格的标准和法规，道路车辆仍然是颗粒物和臭氧污染的主要来源，而空气污染带来的危害是致命的。2013年的数据显示，美国机动车排放导致的污染，引发约5.3万人因长期暴露于颗粒物中，引发健康问题而过早死亡，另有约5000人因臭氧污染相关的健康问题过早死亡。2021年一项针对美国中大西洋地区（主要对纽约地区）的研究估计，因臭氧污染导致的过早死亡人数在2016年达到了7100人。该研究还指出，这一健康威胁在2016年造成的经济损失重估结果为：纽约州210亿美元，宾夕法尼亚州130亿美元，新泽西州120亿美元。

机动车辆还造成了噪声问题。城市生活的噪声污染无处不在，其中很大一部分来源于机动车。传统汽车的内燃机及其多种运转部件会产生大量噪声，当成千上万辆汽车集中行驶于相对狭小的城市空间时，这些噪声将严重影响城市居民的生活质量。

一项令人意外的电动汽车研究

2019年，德国发布的一项研究在全球范围内引发了广泛讨论。研究人员将特斯拉Model 3电动汽车与搭载柴油发动机的奔驰C220进行对比，并得出一个令人意外的结论：电动汽车的碳排放量实际上高于柴油车。这怎么可能？研究认为，电动汽车需要从发电厂获得电力，而2018年的德国电力生产仍然主要依赖煤炭和天然气，因此碳排放仅仅是从汽车转移到了发电厂。此外，电池的生产和运输也会带来额外的二氧化碳排放，因此，研究认为电动汽车的环保性能并没有高于柴油车。

不少人对这一结论感到疑惑。该研究受到全球多位专家的质疑，他们指出，该研究在若干关键假设上存在偏差，例如低估了电池的使用寿命，以及部分数据存在不准确性。荷兰埃因霍芬理工大学的一项研究表明，特斯拉Model 3在德国的碳排放量比奔驰C220低65%。根据美国能源部下设的燃料经济网站公布的数据，特斯拉Model 3在美国的碳排放量为110克/英里（具体排放量取决于充电区域），而一辆传统燃油车为410克/英里。

但这只是问题的冰山一角。电动汽车的碳排放量主要取决于电力的生产方式——这正是我们探讨的重点。随着太阳能、风能（及水电和核能）在电力生产中所占的比例不断提升，电动汽车的碳排放将随之减少。

这一优势与更常见的污染类型更加相关，即居民通过呼吸进入肺部并对健康构成严重危害的污染物。传统车辆的排气管在地面排放有毒气体和颗粒物，直接危害周边环境。发电厂的烟囱通常位于郊外，并且高度至少达到20米，因此这些污染物大多扩散在大气层中，对当地居民的健康危害较小。换句话说，尽管发电厂尚未完全实现清洁能源转型，但是依赖发电厂供电的电动汽车，仍然对本地环境更为有利。

以色列能源部在其2019年发布的报告中也得出了类似结论。当时，以色列的电力生产结构为68%天然气、4%可再生能源和28%煤炭。在这一能源组合模式下，电动汽车能够显著减少温室气体排放。尽管电动汽车的电力来源仍伴有一定数量的污染物排放，但这些污染物是通过远离城市的高空烟囱排放的，而非直接在城市内部的"呼吸高度"排放。因此，电动汽车相较于柴油车，更具明显的环保优势。

电动汽车还有效缓解了交通噪声污染问题。由于不依赖内燃机和其他复杂的机械部件，电动汽车运行时极为安静。事实上，制造商甚至需要为电动汽车安装一种低频"嗡嗡"声，以便行人能够及时察觉车辆并做出反应。

车辆电动化是减少以色列乃至全球道路交通污染的第一步，但绝非最终目标。近年来迅速推进的电动化进程，为我们带来了新的机遇，同时也伴随着挑战，尤其是电动汽车爆发式增长带来的挑战。在探讨这些问题之前，让我们先简要回顾电动汽车的发展历程。

电力征服汽车行业

电动汽车是个引人注目的概念，但多年来仅停留在理论层面。电动汽车的概念最早出现在19世纪末；到了20世纪初，市场上已经有不同型号和类型的电动汽车与亨利·福特的T型车相互竞争了。然而，由于这些电动汽车的续航里程过短，无法与不断改进的柴油发动机相抗衡，最终，汽油车和柴油车逐渐占据主导地位。

与太阳能类似，电动汽车的最早成功应用之一出现在外太空。美国航空航天局的月球车由电力驱动，整车的最大输出功率为1马力，由4个0.25马力的电动机分别驱动4个车轮，续航里程约为92千米，相当于1匹马1天的行进距离。然而，电动汽车的应用并未止步于此。

20世纪70年代，全球经历了两次重大石油危机（1973年和1979年），导致石油供应短缺和油价飙升。各国政府和企业开始积极寻找石油的替代能源，希望减少对石油的依赖，避免再受油价波动的影响。电动汽车作为一种无须燃油的替代方案，再次引起了广泛关注。随着石油危机的影响持续，20世纪80年代，人们对电动汽车的期望再次高涨。包括以色列在内的许多国家认为，电动汽车有潜力成为未来的主流交通工具。但由于当时的技术局限，电动汽车未能打开市场，随着油价回落，电动汽车的普及计划也再次搁浅。

在21世纪的第一个10年，越来越多的电动汽车逐渐进入市场，尽管它们的运营成本依然较高，维护也相对复杂。2007

年，沙伊·阿加西创立了以色列电动汽车创业公司贝特普雷斯公司，吸引了希蒙·佩雷斯等诸多有识之士，同时聘请了很多高级管理人员，例如预备役少将摩西·卡普林斯基。

阿加西梦想将电动汽车革命带到以色列和丹麦，继而推广至全球。贝特普雷斯公司规划建设能够自动快速更换电池的特殊站点，并推出适配该模式的电动汽车。特普雷斯公司与法国雷诺公司达成协议，计划将风朗Z.E.电动汽车引入以色列销售。当时许多人认为，电动汽车的未来已经到来。然而，该电动汽车价格过高，续航里程有限，且自动化换电站的理念未能实现，因此市场表现不佳。2012年10月，阿加西被解除公司职务；同年11月，卡普林斯基也宣布辞职。2013年，特普雷斯公司正式申请破产。

在沙伊·阿加西发起电动汽车倡议的几年前，特斯拉汽车公司成立，公司名是为了向本书开篇所述的天才发明家尼古拉·特斯拉致敬。特斯拉于2003年7月由马丁·艾伯哈德和马克·塔彭宁创立；2004年2月，埃隆·马斯克投资650万美元，成为联合创始人之一，并在随后担任CEO。2021年1月2日，马斯克在推特上回忆道："特斯拉刚起步时，我乐观估计我们的生存概率仅为10%。"

2008年全球金融危机期间，特斯拉遭遇重大财务危机，迫使马斯克将他出售贝宝股份所得的剩余资金投入公司。此后数年，特斯拉继续在生死线上艰难求生，并因车辆交付延迟等问题，屡次遭到外界的嘲讽。尽管面临重重困难，特斯拉最终成功逆袭转型，从最初面向高端市场销售昂贵跑车，逐步发展为每年销售数十万辆电动汽车的企业。马斯克的推文，是为了庆祝2020年特斯拉达成累计售出50万辆汽车的里程碑。无论从哪个角度来看，这都是一项极为瞩目的成就。截至2023年4月底，特斯拉电动汽车的累计销量已突破400万辆。

尽管特斯拉在电动汽车领域获得了最多的关注，但它并非唯一的市场推动力量。实际上，中国在推动电动汽车普及方面的作用更加显著，其增长速度尤为迅猛。中国在2021年的新能源汽车销量达到了350万辆，超过了2020年全球新能源汽车总销量。这一成果得益于中国政府有针对性的战略规划，目标是到2025年实现新能源汽车新车销量达到汽车新车销售总量的20%左右。从2024年1-10月的数据来看，中国已经实现了这一目标。以色列的电动汽车市场同样以中国品牌为主，其售价与燃油车相比，并无显著差异。

这场电动汽车革命，主要归因于电池原材料成本的显著下降，以及经验曲线效应带来的持续技术进步。这些因素共同解决了长期制约电动汽车发展的材料瓶颈，推动了行业的突破性进展。

电动汽车在发展过程中，长期面临两大核心挑战。首先是续航里程：电池的能量密度相比传统内燃机燃料（如汽油或柴油）要低得多，导致电池重量较大（这一问题至今仍未完全解决），续航能力也相对较低。其次是成本：电池的生产成本远高于传统石油燃料，导致电动汽车一直被视为不具备实际替代价值的概念产品。

随着电池技术的进步及原材料开采效率的提升，电池成本大幅下降。此外，电动汽车的续航里程已经达到可以满足日常通勤需求的水平了，甚至可以实现长途驾驶，无须频繁规划经过充电站的路线或中途过夜充电。

节能、高效、便捷

与汽油或柴油发动机驱动的汽车相比，电动汽车在能量利用效率等方面具有显著优势。也就是说，在将化学能转化为驱动车轮的动能时，电动汽车损失的能量远少于传统内燃机。内燃机的效率大约只有20%，这意味着燃料中约80%的能量以热量形式损失，而电动机的效率接近100%。即便电力来自煤炭或天然气发电厂，由于电动汽车的总体能效高于传统燃油车，因此电动汽车在经济性和污染排放方面的表现仍然更佳。

尽管电动汽车的购置成本高于传统燃油车，但充电成本仅为燃油成本的1/5。行驶里程越长，电动汽车的经济性越明显。此外，由于电动汽车的机械部件较少，其故障率显著降低，维护也更加简便。

作为一名电动汽车车主，我已经亲身体验到了其舒适与平稳的行驶感。一旦习惯了电动汽车的驾驶体验，用回传统燃油车时会变得相当不适应，甚至感觉颠簸，如同在驾驶一辆拖拉机，尽管习惯燃油车的车主不会察觉到这种差异。此外，大部分电动汽车的充电操作可以在家附近完成，因此车主也免去了每周或每两周去加油站的麻烦。虽然快速充电站的充电时间比传统燃油车加油时间略长，但这种充电操作不会成为日常的负担。

在以色列及其他一些国家，电动汽车因享有税费优惠而更具市场竞争力。尽管有人认为这些优惠并不公平，本质上是一项惠及高收入人群的政策。我认为这种观点在一定程度上成立，但对电动汽车按照与传统燃油车不同的税率征收税费，确实有其合理性。设立汽车相关税费的部分原因，是通过税率差异减少高排放车辆的购买，这也是低排放车辆应享受税费优惠的原因。如果电动汽车在生产成本和续航能力等方面没有突破，仅靠税费优惠，根本无法推动行业的真正转型。事实上，当前的电动汽车革命的规模已超越了税费优惠政策的影响。

电动化的未来

　　我们未来的方向是什么？当代著名丹麦物理学家尼尔斯·玻尔曾说："预测是困难的，关于未来的预测尤其困难。"原材料短缺是否会改变电动汽车的销售趋势？是否会出现新的全球性疫情？全球地缘政治格局是否会重新洗牌？虽然我们无法预见未来的具体发展和结果，但从目前的情况来看，趋势是向好的。

　　欧盟于2022年6月29日通过一项决议，就2035年欧盟全境内燃油车禁售计划达成一致。这意味着自2035年起，以汽油和柴油作为动力的轿车、轻型商务车都不得在欧盟范围内销售，包括混合动力汽车和插电式混合动力汽车，即同时搭载燃油发动机和电动发动机的汽车。以色列方面，能源部计划于2030年全面禁止用传统内燃作为引擎的汽车和货车的销售，由电动汽车等新能源车型取代。以色列理工学院塞缪尔·尼曼研究院的研究预测，到2030年，以色列的电动汽车（包括混合动力汽车和插电式混合动力汽车）的数量将在50万到150万辆之间。基于这一预测，以色列在未来可能会有大约100万辆电动汽车上路行驶，这是一个非常有可能实现的未来情景。

不仅私人轿车正走向电动化，公共交通也在加速向电力驱动转型。以色列的公交车目前主要是柴油车，造成了严重的空气污染。截至2019年，公交车数量仅占机动车总量的1%，却产生了16%的碳氧化物排放和7%的雾霾颗粒物排放，且这些污染物大多集中在人口密集区域。以色列交通运输及道路安全部于2021年7月宣布，到2026年，市区60%的公交车将实现电动化，并计划到2035年实现公交车100%电动化。

交通领域的电动化变革，预计将在未来几年内引发深远影响。它不仅会对电网提出新的现实需求和挑战，同时也会带来更多的发展机遇。

100万辆电动汽车带来的新电力挑战

随着电动汽车数量的不断增加，电力消耗的情况将如何演变？当前以色列1.8万辆电动汽车对电网的影响可能尚不显著，但当这一数字增长到8万、18万，甚至接近100万时，情况将发生显著变化。

在敏锐且有才干的努里特·加尔博士离开电力管理局后，作为私营领域的能源与电力专家，继续为行业贡献研究成果，其中包括对电动汽车的深入分析。例如，她与丹·温斯托克（Dan Weinstock）博士和巴拉克·雷谢夫曾于2021年11月联合撰写了一篇关于电动汽车研究的论文。下文中，我将会援引这篇研究论文中的部分数据。

根据统计数据，以色列的汽车数量已经超过了住宅数量。2021年，以色列共有380万辆机动车，其中330万辆为私家车；而全国含住宅单元在内的房屋总数为280万。由此可见，许多家庭拥有不止一辆汽车。

通常，拥有多辆汽车的居民往往是高收入人群。他们购买新车的频率更高，而且也将成为最早购买电动汽车的消费者。根据以色列中央统计局的数据，在居民平均收入较高、生活水平较优越的地理区域，每户家庭平均拥有1.5辆汽车。

以色列普通家庭的年均电力消耗约为8000千瓦时。1年有8760小时，折合每小时的平均电力消耗不足1千瓦时。

那么，电动汽车的用电情况如何呢？当车主在夜间为电动汽车充电时，每辆电动汽车的充电功率约为每小时15千瓦。如果一个家庭拥有两辆电动汽车，充电功率可达到每小时30千瓦。这意味着电网的瞬时负荷将比普通家庭的常规用电负荷高出约30倍。

如果只有少数家庭同时进行充电，电网或许还能够承受这些额外的电力需求，不会产生严重的负荷问题。然而，一旦这种需求成为常态，电网将难以应对突然增加的高负荷需求。所以，电动汽车的迅速普及将导致电网发生严重拥堵。由于电动汽车的普及速度在以色列各个地区并不均衡，某些地区可能会在较短时间内出现电力需求激增的现象。

根据努里特·加尔及其团队的计算，如果到2030年以色列有100万辆电动汽车上路，充电所需的额外电量将达到4.5太瓦时，相当于年均电力需求额外增长0.5%。尽管这一增幅看似不大，但电网仍然需要增加新的电力供应，通常情况下，这需要增加约2000兆瓦的发电能力，相当于3~4座中型发电厂的容量。

加尔及其同事的计算基于每小时1~2千瓦的低速充电，但在实际应用中，家用充电站的目标充电速率通常达到每小时15千瓦。由于车主不太可能放弃快速、便捷的充电需求，这表明问题比预期更加严峻，亟待解决方案。

问题的关键在于电动汽车充电的同步性。我们之前在关于储能革命的章节中探讨了生产端所面临的问题，如今，消费端也出现了类似的挑战。如果100万位车主在晚间回家时同时为电动汽车充电，而这一时段恰好也是家庭用电高峰期，那么电力生产将面临极限压力。

这也揭示了一个根本性矛盾：如果我们希望通过电动汽车实现清洁交通转型，那么建设更多的天然气发电厂显然不符合构建经济实惠的清洁电力经济的愿景。继续依赖天然气及其他昂贵且高污染的能源生产方式，并非长远之策。

根据可再生能源的发展构想，扩大电力生产能力的关键措施之一是大规模安装太阳能电池板。然而，大多数人在太阳落山后才回到家中，此时由太阳能电池板产生的大量电能已逐渐消失。如果可以将白天太阳能发电的高峰时段与晚间的用电高峰期进行时间上的协调或匹配，那么电力供需的矛盾将得到缓解。但这并不现实，太阳不会因为我们的需求而在夜晚发光，而尽管让大家在中午12点结束工作是个诱人的想法，但这也无法实现。

那么，解决方案是什么？正如前文所述，储能系统是其中一种核心解决路径。储能系统可以弥合中午电力生产高峰与夜晚用电高峰之间的差距。如果我们能安装足够多的储能系统，这一挑战或将成为推动清洁交通工具普及的机遇。但这仅仅是全局解决方案的一部分。

问题不仅在于电力生产，电网本身才是核心挑战。即使我们能够生产足够的电力，关键在于如何通过现有电网，有效地将电力输送到所有家庭用户。为了形象地说明这个问题，我们可以借用交通领域进行类比。想象一条每天设计通行10万辆车的高速公路，规划者关心的不是全天通行的车辆总数，而是高峰时段的流量。例如，在凌晨4点，可能每小时只有10辆车行驶；而到了下午6点，可能有4万辆车同时上路。如果高速公路的设计容量正好满足这一需求，一旦高峰时段又额外增加了5000辆车，就会产生严重拥堵。

与高速公路网络类似，电网也存在分布不均衡的情况，也就是说，并非所有区域都有相同的负荷承载能力，某些区域可能电力供应能力较强，而其他区域的电力系统则较为脆弱。这无疑构成了新的挑战。假设在短时间内，居住在同一栋多层建筑中的大部分居民同时购买电动汽车，由于电动汽车的购买速度在不同地区和时间段存在不均衡现象——这不再是理论上的担忧，而是现实中正在发生的情况——那么局部电网出现拥堵，可能会成为严峻挑战。

当我们在冬季的下雨天里同时开启暖气、电热水器、烤箱、洗衣机和干衣机时，根据电网的承载能力，可能会因电力负荷过大而跳闸。同样的情况也可能出现在某些公寓楼或街区，当数十辆电动汽车同时充电时，电网将面临过载的风险。

管理充电：当电动汽车成为电网解决方案

虽然电动汽车可能被视为电网管理的挑战，但这正是管理充电可以发挥作用的领域。电动汽车车主通常并不在意具体的充电时间，也并非每次都需要将电池充满。即使车主在晚上7点左右回家并同时接入充电桩，他们真正关心的只是确保汽车能在第二天早上6点30分前充满电，足够应付日常通勤。

假设一栋多层建筑设有100个停车位，每个车位都配有1个充电桩。如果所有车辆同时充电，电网负荷可能会超出承受能力。但实际上，我们并没有必要让所有车辆在同一时间充电。

充电站主要通过中央系统进行管理，该系统可以根据每辆车的具体情况决定其充电速率和充电时段，以优化电力消耗的分布。例如，一些电池已经耗尽或车主需要晚上出行的车辆，需要优先充电；另一些充电需求不紧急的车辆，则可以选择慢速充电，甚至只需在次日早晨前充至足以行驶100千米的电量，就已能够满足大多数人的日常出行需求。这种管理方式有效地将用电负荷分布到整个夜间，缓解了特定时段的高峰压力，同时提升了电网在一段时间内的整体效率。

这种充电管理不仅可以在单栋建筑内实施，还能在更大范围内推广。全国各地成千上万个充电站都可以通过统一的系统连接进行管理。诺法尔能源公司已经开始运行这种系统，根据电网的实时状态和每辆电动汽车的充电需求，分别调整每辆车的充电速率，并通过合理分配充电时间，平衡整个电力系统的消耗。为了实现充电时段和电力消耗的平衡管理，价格机制是一种强有力的工具，即在高峰和非高峰时段设置不同的电价，从而引导车主选择更合理的充电时间。如果车主希望车辆在短时间内快速充电，尤其是在电力需求较大的高峰时段，就需要支付较高的电费；如果车主对充电速度没有严格要求，并且可以接受在低峰时段慢速充电，就可以享受到较低的电费。

这正是电动汽车从挑战转变为机遇的关键所在。为了理解这一点，我们可以考察私营能源生产商向电网输送电力并获得报酬的两种方式。

第一种方式是在能源生产商与能源消费者之间建立直接的供应关系。假设有两家虚构的公司，一家叫塑料生产工厂，另一家叫奥弗太阳能。这两家公司签订协议，由奥弗太阳能通过其储能系统为塑料生产工厂提供电力。当然，电力并不会直接从生产商传输到消费者，而是由奥弗太阳能将电力输送到公共电网，塑料生产工厂则从电网中获取电力。但计费系统会将消费端消耗的每千瓦时电力与生产端传输到电网的电力相匹配，并据此核算费用。在这种模式下，电价等于固定价格减去生产商为吸引消费者签约而提供的折扣。

第二种方式是能源生产商将剩余的电力按照系统边际价格标准出售给系统管理者（例如国家电力系统运营商诺佳）。为了更好地理解边际价格的概念，我们不妨先回顾一下困扰了几代经济学家的"钻石与水悖论"。

如果水之于生命的意义远超钻石之于生命的意义，为什么钻石的价格比水贵？答案可以通过"边际效应"这一概念来解释，核心在于理解水的价值并非恒定的。当我们身处干旱的沙漠且极度口渴时，1升水的价值极高，我们也愿意为其支付高昂的价格；如果接下来有人为我们提供一大桶用于洗澡的水，我虽然同样感到满足，但这些边际供水（额外供水）对我们的重要性已大幅降低，因此我们愿意支付的价格也相应减少；当供给达到某一临界点后，超出需求的水反而成为负担，此时水的价格甚至可能变为负值。

电力的边际价格机制也遵循类似原理：决定电价的关键在于生产商提供的额外电力对消费者的边际价值。当消费者对电力的需求较高时，生产商提供的每一单位额外电力（边际电力）对满足需求至关重要，因此这部分电力的价值会提高，生产商也能够获得更多的报酬。但当消费者对电力的需求较低时，额外电力（边际电力）的重要性就会大幅降低，因此这部分电力的价格会随之下跌，生产商的收益则相应减少。

还是以虚构的创业公司奥弗太阳能为例，它在白天利用太阳能发电，并将多余电力存储在电池中。由于电池必须在次日早晨之前清空并准备进行下一轮储能，所以如果存储起来的电能在夜间没有被消耗掉，企业将面临损失。因此，创业公司希望将多余的电力输送到国家电网。但由于夜间用电需求通常较低，此时电力的市场价格是系统边际价格。

充电管理系统能够促进电力的高效生产和储存，并带来经济效益，因此它对创业公司及整个经济而言都是一种机遇。电动汽车作为夜间的灵活用电客户，无疑是理想的目标群体。

创业公司可以建设储能设施，并与私人电动汽车车主签订协议，允许车主以固定价格获取电力供应。电动汽车车主将享受到更具竞争力的电价，而创业公司则可以有效利用白天存储的电能，不仅避免浪费，还能实现盈利。在这一模式下，私人企业具有投资储能设施的经济动因，将白天过剩的电力转移至夜间使用，从而带动整个经济效益的提升。

电动汽车不仅仅是交通工具，还可以在电网中扮演重要角色：它本质上是一块停在家门口的大型备用电池。这里需区分两种不同的连接方式。首先，在私人住宅中，电动汽车的电池可以在停电时作为一种应急电源，为家用电器提供电力。电动汽车的电量通常足够维持几天的基本用电量，而且相比使用应急发电机，电动汽车作为应急电源更经济且更安全。

此外，在多层住宅中，电动汽车的充电系统通常是独立于车主公寓的电力连接系统。通过这种独立连接方式，理论上可以实现电动汽车电池的"车网互动"（V2G）功能，即将汽车电池中的电力回输到电网，从而为电网提供额外的电力支持。如果V2G技术得到充分发展和有效监管，成千上万辆分布在全国的电动汽车，将成为帮助稳定电网运行的重要工具。这不仅可以缓解电网的负荷压力，还可以提升电力系统的整体灵活性和效率。

氢能货车引领重型运输新时代

私人汽车从内燃机向电池动力过渡，已成为大势所趋。技术趋于成熟，成本不断下降，电动化革命正在进行。但除了私家车，世界上还有货车、火车、船舶、飞机等其他运输工具。它们能否同样依靠电池驱动？

部分运输工具完全可以实现电动化。特斯拉在2022年年底开始向百事公司交付电动半挂式货车Semi。这款货车能够运输36吨的货物，而且可以在半小时内充满电，续航里程达600千米。特斯拉还推出了一款电动皮卡Cybertruck，售价仅为几万美元，拖拽能力介于3400至6350千克之间。尽管由于全球芯片短缺，这款电动皮卡的上市时间有所推迟，但未来发展方向已经十分明朗。电动拖拉机及其他电动机械设备也已经成功研发并投入使用。

然而，锂电池更适用于较小规模的电动工具或私人车辆，在驱动更大、更重的运输工具（如货车、火车等）时，它的能量存储能力和续航里程受到限制，难以满足长时间、大负载的运输需求。在这种情况下，上一章介绍的氢能成为一种关键选项。氢能的优势在于能量密度远高于锂电池，因此可以携带更多燃料，从而提升运输工具的续航里程和载货能力。

目前，氢能货车已经投入实际应用。例如，现代汽车开发了全球首款量产的使用氢燃料电池的重卡XCIENT Fuel Cell，这款货车搭载了190千瓦的氢燃料电池，能够承载34吨货物，续航里程达400千米。现代汽车预计，到2025年，其生产量约为1600辆。氢能革命已经在这一领域初见成效：2022年年底，3辆实验性氢能货车抵达以色列，为氢能技术的进一步发展提供了重要的先例。

"我有一条妙计！"

2022年12月，深夜时分，我接到了一通紧急电话，来自斯德·埃利亚胡（Sde Eliyahu）基布兹的业务经理埃坦·奥弗。他的语气如同处理国际危机般急切，他对我说道："我有一条妙计！"

斯德·埃利亚胡基布兹与诺法尔能源公司长期合作，双方在太阳能发电和储能设施领域有着深厚的合作基础。斯德·埃利亚胡基布兹也是最早参与电动汽车车队试点项目的单位之一，车队由斯德·埃利亚胡基布兹统一管理。作为试点项目的一部分，埃坦收到了4辆特斯拉电动汽车。在管理储能设施与电动汽车的过程中，埃坦持续思考如何优化储能技术的应用。这些深入的思考促使他提出了一个创新的构想，迫切希望立即与我分享。

他的想法很简单：以色列政府正计划将火车转换为电力驱动，但该项目不仅耗时漫长、成本高昂，基础设施的铺设也是一个巨大挑战。埃坦问道："为什么我们不换个思路，做些更简单、直接的事情呢？我们可以给火车配备储能装置，让其运行；到了晚上，只需将耗尽电量的储能设备换成新的、充满电的装置。"

他的构想聚焦以色列政府的铁路电动化计划。虽然该计划致力于将火车的动力系统从传统燃料切换为电力，但由于项目周期长、成本高昂，且基础设施建设面临诸多挑战，进展较为缓慢。埃坦提出了一种更为简洁高效的电动化解决方案：为火车配备储能装置，并在每天运行结束时用新的满电储能设备替换已耗尽的储能设备即可。

我非常赞同他的思路，并请求他给我几分钟时间，我计算好几个数据之后再回复他。

一个现代储能装置的体积，大约相当于一节火车车厢，储能能力为3.8兆瓦，且重量达到数十吨。因此关键问题是，需要多少这样的储能装置才能满足火车的运行需求？

以色列铁路公司的官网数据显示，火车头的动力来自一台8000马力的发动机，折算为电力约6000千瓦或6兆瓦。这意味着火车每行驶1小时，大约需要消耗1.5节火车车厢的电力储备。如果我们希望火车全天候运行，按照目前的运行常态，我们将需要牺牲大量车厢来拖运这些储能设备，仅电力供应就将占据数百吨的重量。显然，这样的解决方案在实践中是行不通的。

我带着这些数据给埃坦回了电话："氢能发动机是更好的解决方案。氢气的能量密度显然更高，满足一天一夜行驶需求的氢燃料重量非常轻，甚至不到使用锂电池重量的1%。实际上，氢能火车项目已经在全球范围内逐步展开。2022年9月，德国下萨克森州成功运营了全球首列氢能商业列车，取代了传统的柴油火车。

氢能的应用不仅限于火车，它同样被应用于船舶，甚至全球最大的机械运输工具。但这一转型面临诸多技术挑战。例如，必须确保储氢罐具备高度的密封性，以防止泄漏和燃烧。此外，由于氢气的密度极低，传统用于储存天然气的罐体未必适用于氢储存。

要实现氢能的大规模储存和生产——无论是通过燃料电池还是其他技术手段，我们仍然需要投入大量的研究与开发。但随着技术的逐步成熟，未来我们或可将污染严重的船用燃料替换为清洁的氢燃料，从而推动全球航运在河流、海洋及大洋上的绿色转型。

为什么我没有投资太阳集团创始人的电动飞机项目

以色列的太阳能产业是在两家倒闭公司的基础上建立起来的。第一家公司是创业型企业太阳集团，第二家则是承造公司太阳能自造。两家公司在2010年左右因监管波动遭受重创并最终倒闭，员工则被其他公司吸纳。太阳集团的创始人科比·第纳尔（Kobi Dinar）和太阳能自造公司的创始人塔米尔·卡普林斯基（Tamir Kaplinsky）是这场市场变革中的悲剧英雄，他们为产业奠定了基础，却未能见证10年后才逐渐显现的果实。

因此，当科比在2022年1月提出会面时，我感到十分开心。他说他正在推进一项电动飞机的创新项目，计划采用电池作为主要动力源。我们立刻深入探讨了设计细节。虽然这是一个颇具前瞻性的构想，但电池的重量成为关键限制因素。随着飞行距离的增加，飞机需要搭载更多电池才能满足能量需求，但电池数量的增加会显著提升飞机的总重量，最终可能超过其结构承载能力。这直接导致飞机的航程受到严重限制，并使其应用范围大幅缩小，只能执行短距离货物运输任务。

这种类型的飞机确实有发展潜力，且已有一些企业家在该领域取得了进展，但我不认为这是理想的发展方向。依我之见，更好的路径是等待氢能发动机技术的成熟，这将为飞机提供几乎无限的航程，甚至可能超越现有技术的飞行距离。

我与科比会面的时候，氢能发动机还只是理论构想，但如今它已经成为现实。2020年，美国氢电动力飞机公司ZeroAvia的氢能飞机成功完成了一次20分钟试飞，航空巨头空客公司也宣布计划在2035年前推出氢能客机。空客公司启动实验性的空客A380客机作为试点项目，这是目前全球最大规模的氢能动力飞机。

在与国际石油公司壳牌公司首席分析师的交流中，她表示氢能的前景令人振奋，但也提到了一项重要挑战，即"先有鸡还是先有蛋"的问题。具体来说，飞机要使用氢气作为燃料，必须依赖机场的氢气加注设施。然而，机场在没有足够氢能燃料飞机运营的情况下，可能缺乏安装氢气加注设施的动力。不过，随着技术的进步，我们可以合理预测这一问题会逐步得到解决，未来的飞机或许能够凭借氢气翱翔天际。

氢气运输在未来10年的发展，将如同太阳能电力和电动汽车在过去10年的转变——从概念走向实际应用，从项目试点迈向大规模生产。这将是充满机遇与创新的10年。

第14章　电网2.0：灵活的电网系统

电网的发明是19世纪最重要的技术突破之一，它彻底改变了人类使用能源的方式。如今，随着我们进入一个全新的时代，电网的结构也需要做出根本性调整，以适应新的能源生产和储存方式，迈向更加灵活的电网系统。

当前的传统电网结构效率较低，它的设计基于一个相对简单的模式：少数发电厂（即生产者）为大量用户（即消费者）供电。电网的核心是由煤炭或天然气驱动的重型发电厂，这些发电厂负责提供电力基础负荷，即满足电网日常持续性需求的最低电力输出，几乎从不停止运行。

以位于哈代拉的奥罗特·拉宾（Orot Rabin）发电厂为例，它自40年前投入运行以来从未间断过生产。此类电厂必须维持一个稳定的基础负荷水平，额外的涡轮机根据需求增减进行启停。除了基础负荷发电厂，还有专门应对用电高峰的调峰电厂，它们在电力需求高峰时段启动，在需求回落时关闭。

从电网资源的角度来看，这种结构极为浪费。每个发电厂都必须预留一定的带宽用于电力传输，无论其是否实际传输电力。这就像高速公路上的公交车专用道，即便车道空置，私家车也不能驶入。

随着太阳能发电等新能源生产商接入电网，情况就变得更加复杂了。由于电网的大部分资源已分配给大型发电厂，其他生产商只能使用为其划定的有限带宽。就像私家车在拥堵的高速公路上争夺有限空间，而旁边的公交车道却空着。发电厂也面临同样的困境，即使白天某些发电厂没有发电，它们也被分配了带宽。所有这些设计都造成了严重的资源浪费。

电网需要进行重大改革，转变思维方式。未来几年，电网必须进行两项关键变革：去中心化，以及重新平衡生产者与消费者的关系。

在电力生产领域，现代能源世界正逐渐走向去中心化。过去的电力系统主要依赖少数几家大型发电厂，如今，太阳能和其他可再生能源生产者却几乎无处不在。每个屋顶、每个水库都可以安装太阳能系统，经过改进的太阳能电池板未来甚至可能应用于车辆和建筑物的外墙等更多场景。电力从成千上万个来源同时传输到电网，这为构建更高效的电力系统创造了新的机遇。

欢迎来到微电网①的时代。在新的电力体系中，传统的集

---

① 微电网指接有分布式电源的小型电力系统，一般包括分布式电源、储能、负荷、变配电、控制系统等。

中式国家级大电网模式，将被多个独立的小型电网所取代。例如，一户装有太阳能电池板并配备储能电池的家庭，理论上可以完全脱离电网，只有在紧急情况下才需要依赖外部供电。同样的模式也可以扩展到整个街区。

全国各地的房屋、街道、社区甚至城市，都可能拥有自己的独立电网，只有少数情况下才需要外部供电。这种电网结构不仅更高效，还避免了集中式电网管理中常见的能源浪费。

去中心化电网还具有其他潜在优势。迄今为止，建设和维护全国电力传输网的责任主要由中央机构承担。在以色列，这个中央机构的职能还包括电力分配网络的管理。

目前，以色列电力公司不仅垄断了电力生产领域，还控制了电力传输和分配领域。这种垄断模式导致了资源浪费、创新空间受限，以及电价过高的情况。在未来的能源格局中，独立电网运营商将崭露头角，通过市场竞争来提高管理效率。相比一个几乎没有盈利动力、缺乏优化运营压力的政府垄断企业，独立运营商具备更强的动力去提高效率。

去中心化的电力体系对电网的依赖度将大幅降低。例如，某条街道的电压线出现故障或某个发电单元损坏，不再意味着整个社区都会遭遇停电。即使周围电网出现问题，每个微电网也能实现自给自足。

我们可以将这些微电网类比为医院或军事基地等重要建筑使用的应急发电机，或是数字系统使用的不间断电源。但在未来，这类备用系统将会广泛应用于每条街道和社区。微电网的能源保障主要来自太阳能电池板和储能电池，而不是昂贵、污染严重且危险的柴油发电机。

新电网与传统电网在结构和运行方式上有着根本性的不同。传统电网的模式是固定的：生产者提供电力，消费者消耗电力。这种模式依赖严格的供需平衡，即电力生产必须与消费相匹配，否则会导致电网不稳定。在传统电网中，保持电力供需平衡往往需要大量管理工作并消耗大量能源，发电设施需要时刻准备，以便在用电需求增加时迅速提供额外电力。然而，随着储能革命的推进，消费者也成了生产者，电网的管理因此变得更加灵活。每个储能设备既可以向电网输送电力，也可以在需要时从电网获取能量，大大提高了电网的效率和灵活性。

在前面讨论储能的章节中，我还详细介绍了储能电池为电网提供的其他服务，比如调节电压和频率，在电力中断时快速提供"黑启动"支持，替代"运转备用"电源和调峰电厂等。这些优势全都得益于一个高度智能且高效的电力系统。

未来，将会有数万甚至数十万辆电动汽车的充电需求需要纳入电力供需平衡的考量。电动汽车不仅仅是电力的消费者，也能成为电力的生产者。在传统的集中式电网结构中，大量电动汽车同时接入电网，可能会导致电网拥堵。但在新型电网体系中，电动汽车代表着智能管理电力生产与消费的机遇。通过灵活的电价机制，我们可以有效地调控电动汽车的充电时间，以及必要时的电力回馈时间。

将氢能引入电网后，电网的稳定性将得到进一步提升。这是因为氢能系统既是生产者，也是消费者。一方面，电解槽作为能量消耗端，将水转化为氢气；另一方面，氢能系统利用氢气发电。因此，生产和消耗可以根据电网的需求随时调节。如果我们继续用电厂和公交车道来类比说明电网的受限情况，那么氢能的加入将为电网释放灵活的操作空间，使其更加高效：氢能系统可以根据电网实时需求，在生产、消耗或停用之间切换，精确调节电网负荷。

相较锂电池，氢能系统还有一个显著优势。锂电池系统的储能规模相对固定，因此需要进行复杂的计算来确定合适的储能规模。如果储能容量过大，则系统大部分时间将处于闲置状态；如果储能不足，则可能导致电力短缺，难以保证电网的稳定性。氢能的储存成本极低，仅为锂电池储存成本的1/30。因此，它是一种非常灵活的资源，可以在储能规模的决策中提供更大的余地。我们可以利用氢能来填补因计算不精确而产生的电量缺口。

去中心化的生产者和消费者，从根本上改变了电网的结构，使其变得更加智能和灵活。当前，电网管理者需要对每种可能的情境进行复杂计算，以确保系统的稳定性。例如，如果生产单元A与电网失去连接怎么办？如果单元B出现故障呢？如果某个区域的用电量突然飙升，又该如何应对？

去中心化的电网能够更好地应对这些不确定性，因为电力不再依赖特定的单一来源，而是可以灵活地从其他可用资源中进行调度。因此，对系统稳定性和停电风险的担忧也会逐渐减少。

未来的电网将是一个更加智能、灵活且去中心化的系统，由多个次级电网和遍布各处的"消费者—生产者"共同构建。可再生能源的广泛应用及储能技术的迅速发展，将进一步增强电网的灵活性，引领我们迈向一个能源安全性更高的新时代——电网2.0时代。

第 4 部分
阳光下的憧憬

在本书的最后部分，我将勾勒出以色列迈向100%可再生能源未来的路径。未来的能源系统不仅能够通过提供低成本的绿色电力来促进经济增长，还能够改善环境，为人们提供清洁的空气。通过综合利用太阳能、风能、水电、地热能等清洁能源，并结合锂电池的短期储能技术和氢能的长期储能方案，这些创新技术将共同推动以色列开展一场真正的能源革命。以色列有望成为全球新能源转型的先锋，为其他渴望迈入新能源时代的国家树立榜样。

第15章　以色列的革新：
通往100%可再生能源之路

"石器时代并非因为石头耗尽而结束，同样，石油时代落幕也并非因为全球石油枯竭。"沙特阿拉伯某位石油部长曾如此说过。类似地，以色列对天然气的依赖，也可以在资源用尽之前结束。

本书所探讨的几场革命——太阳能价格的下降，双重用途理念的拓展及电力储存技术的提升——正引领我们走上一条积极且充满希望的道路。加上即将到来的氢能源革命、电动汽车革命和智能电网革命，我们或将在短短几年内迎来一个以太阳能和其他可再生能源为主的兼具经济效益和环保优势的新时代。

以色列是住宅太阳能供暖领域的先锋，如今几乎每家每户都安装了太阳能热水器，极大节省了其他传统能源。然而，由于政府官僚程序的复杂和监管政策的不灵活，以色列在可再生能源发电方面的发展相较于其他国家更为保守。

2015年，以色列计划在2030年前实现可再生能源在全国电力结构中占比达17%的目标。但是以色列政府在2020年进一步修订目标，计划在2030年实现30%的可再生能源发电比例。尽管有人认为这一目标过于激进，但我认为这一目标尚显保守。我坚信，以色列到2035年或2040年实现可再生能源在以色列电力结构中占比达100%的目标不仅具备可行性，而且势在必行。

此外，能源转型不仅限于电力领域。依托锂电池与氢能源技术的进步，我们有能力推动多个行业向清洁能源过渡。交通和工业部门有望在较短时间内摆脱对煤炭、石油和天然气的依赖。

或许有人会认为，这已经不是一个雄心勃勃的目标，而是一种理想化的愿景。的确如此，但如果没有理想憧憬，人类将永远不会进步。那么，是否存在实现这一目标的实际途径？在本章，我将基于迄今为止的研究和成果，阐明如何使这一目标成为现实，并通过数据与具体行动计划加以论证。但在此之前，我们需要探讨另外的核心问题：为什么要追求这一愿景？即使理论上可行，它是否具有实际意义和价值？

100%可再生能源的价值何在

要回答这一问题，我们需要回顾可再生能源的诸多优势。首先，可再生能源的主要优势恰恰是曾被视为其劣势的因素——成本。当可再生能源的建设成本大幅降低到一个合理水平时，它就会成为首选。因为一旦完成初期资本投入，后续的能源供应几乎无须额外成本，这为经济长期繁荣提供了巨大的动力。

其次，可再生能源还具备显著的环境和健康效益。可再生能源在发电过程中不会排放污染物，因此有助于减少空气污染，进而保护人类健康，最大限度地降低与污染相关的公众健康风险。尽管天然气相较于煤炭污染较少，但其燃烧过程中仍会排放氮氧化物，这些污染物会对空气质量产生负面影响，进而引发健康问题。毫无疑问，与完全依赖可再生能源发电的经济体相比，电力构成中70%依赖天然气的经济体将面临更高的公众健康风险。同样，如果我们能够在交通领域摆脱对石油的依赖，空气质量将得到极大改善。

此外，可再生能源的去中心化特点带来了两个显著优势。首先，它有助于打破能源市场的垄断或过度集中状态，促进更多的企业和项目进入市场，形成更广泛的竞争，这通常会带来更加经济实惠的电价。其次，去中心化的能源供应减少了人们对外部能源来源的依赖，从而增强了能源安全性。相比之下，以色列的天然气资源集中在少数几座钻井平台。这些平台容易受到敌对势力的潜在威胁。2022年9月，一股不明势力炸毁了北溪1号天然气管道，切断了俄罗斯向欧洲供应天然气的主要通道，可能在未来数年对欧洲的天然气供应造成影响。以色列依赖少数天然气设施和长距离管道的风险在于，任何一处的破坏都可能导致整个系统瘫痪。

最后，尽早向可再生能源转型，还能为以色列带来经济利益。目前，以色列海域发现的大部分天然气主要用于国内消费，尤其是电力生产领域。2021年，以色列的天然气总消耗量为195亿立方米，其中123.3亿立方米用于国内消费。值得注意的是，79%的国内天然气（约97亿立方米）被用于电力生产，占全国天然气总消耗量的一半左右。随着天然气逐步取代煤炭，预计这一消耗量将在未来持续增长。

随着我们逐步将能源结构从天然气过渡至可再生能源，数十亿立方米的天然气资源将可以用于出口，从而为以色列带来丰厚的特许权使用费和税收收益，直接惠及国家和公民。正如后文计算所示，这将是一个极为可观的收入来源。

全球正处于一场能源转型的竞争中。其他国家已经认识到了可再生能源的巨大优势，并不断加大投资力度，以实现其作为主要甚至唯一电力来源的目标。最先实现这一目标的国家，将能够利用其相对优势，通过低成本能源吸引能源密集型企业，进而推动经济增长。

这一趋势已在其他国家初见成效。例如，冰岛凭借其地理位置和自然资源优势，大规模开发水力（约占该国能源生产的69%）和地热发电（约占该国能源生产的31%），实现了接近100%的可再生能源发电。因此，冰岛的电力价格较低且供应充足，吸引了铝制造业等能源密集型产业。近年来，对电力消耗和选址灵活性要求极高的加密货币矿场也选择在冰岛落户，它们选择冰岛的主要原因是其能源供应具备价格优势和长期稳定性。

冰岛拥有30万居民，规模相当于以色列的一座大城市。虽然我们无法复制它独特的地理条件，但其成功经验值得我们借鉴。冰岛可以成为以色列可再生能源转型的象征与愿景，向以色列公众展示可再生能源在实现能源独立方面的巨大优势，以及能源转型对经济可能带来的深远影响。

数据分析

我们坚信，将经济转向以可再生能源为基础的模式是值得的。接下来，我们将通过分析和审视具体数据，评估这一转型目标实现的可行性。

2021年，以色列的总电力消耗为740亿千瓦时（即74太瓦时），装机容量达到21.5吉瓦。这一装机容量的设定，是为了确保用电高峰时能为每位用户提供足够的电力。峰值用电量约为14吉瓦，但考虑到发电设备无法同时全部满负荷运行，其余的容量则作为备用。

为了验证实现100%可再生能源发电所需的条件，我们不妨以2021年的数据为基础进行分析。

到2035年或2040年，电力需求预计将大幅增长，尤其是在数百万电动汽车接入电网的情况下。但同时，太阳能电池板和其他发电技术的效率也将提高。我们将在现有电网的基础上进行计算，并合理假设电力需求的增长和技术进步带来的成本下降将相互平衡，甚至可能导致我们当前的成本估算显得偏高。

2021年，以色列约有1%的电力消耗来自装机容量达450兆瓦左右的太阳能发电设备。通过简单计算可知，要实现100%可再生能源发电，需要达到45吉瓦的装机容量。接着就是土地需求的问题：就太阳能发电设施占地面积而言，预计需要约27万德南的土地，约占以色列总土地面积的1.2%。尽管所需的土地面积相对较大，但仍在可接受的范围内。再者，运用双重用途理念也可以有效减少对地面土地的依赖，包括利用建筑物屋顶、住宅区、蓄水池、立交桥、高速公路等空间。

国家电力系统运营商诺佳曾经开展一项综合调查，并绘制了可再生能源设施的潜在土地使用图。该图结合了以色列电力公司提供的数据，在屋顶太阳能安装的基础估算上，采用1.5倍的利用系数。结果显示，有约10.1万德南的土地可用于地面太阳能系统，5.1万德南的土地可用于屋顶太阳能安装项目，23378德南的土地可用于安装水库太阳能项目，8311德南的土地可用于鱼塘太阳能项目，3155德南的土地可用于立交桥太阳能项目，总计可利用土地面积约187265德南。

虽然我们还缺少大约8万德南的土地，但开发农业光伏的潜力可以相对轻松地弥补太阳能发电用地的差距。在农田里集成太阳能电池板是一种利用现有土地获得稳定且可观收益的方式，因此许多农民对这一方案并不排斥。此外，农民在农业生产中通常会有遮阳的需求，而太阳能电池板可以起到遮阳的作用。目前，以色列的农业用地总面积约为435万德南，这意味着农业光伏的潜力巨大。虽然并非所有农业用地都适用农业光伏，但如果能够消除监管和法律障碍，以色列仍有数十万德南的土地可以被有效利用。

当然，太阳能发电只能在白天和晴天进行，因此引入储能系统是必不可少的。储能系统可以将白天生产的电力储存起来，以供短期的夜间用电需求或更长时间的阴天用电需求。

那么，具体需要多少储能空间呢？日照时长会根据季节变化而波动。在冬季，某些日子每天可能只有2小时的日照；而在光照充足的季节，日照时长可达7小时。

如前所述，当以色列的装机容量达到45吉瓦，这些设备将能够在理想的阳光条件下几乎满负荷运转。如果冬天每天只能发电2小时，相当于每天的发电量为90吉瓦时（45吉瓦×2小时）；如果过渡季节的发电时长增加到7小时，这相当于每天的发电量为315吉瓦时（45吉瓦×7小时）。

相当一部分电力会在发电的同时被立即消耗。假设即使在发电量最高的日子里，也至少有1/3的电力会被即时使用。因此，储存的电量不会超过200吉瓦时，其中一部分用于昼夜短期储能，另一部分用于季节性长期储能。假设大部分的昼夜短期储能由锂电池实现，而季节性长期储能则由氢能实现，两者结合就可以满足不同时间段的储能需求。

我们首先探讨由锂电池实现的昼夜短期储能问题。2022年10月，我受邀参观了特斯拉的美国工厂，并参加了帕洛阿尔托（Palo Alto）电池工厂的落成仪式。该新工厂的年储能生产能力达到40吉瓦时，取代了之前内华达州工厂每年仅5吉瓦时的产能。按照这一规模，特斯拉3年的产量即可满足以色列的储能需求。

当然，全球对储能的需求非常旺盛，我们并不是特斯拉的唯一客户。因此，尽管这可能需要一些时间，但以色列的目标并非遥不可及。特斯拉已经在生产需求高峰期，即市场对电池需求量非常大的时期，完成了新生产线的建设，此外，它还具备建设更多工厂及扩大生产能力的潜力。

但是这条道路也面临一些挑战。例如，锂的价格已经因全球需求和现有供应的变化而上涨。然而，我们或许可以整合其他储能技术，比如由以色列储能投放公司或以色列奥格温德能源存储公司开发的压缩空气储能技术。

接下来我们探讨由氢能实现的季节性长期储能的问题。以色列需要额外的12太瓦时电力储备，以应对夏季到冬季的电力需求波动，必须确保储能系统能够支持两个月的电力供应。前几章中，我们已经探讨了这一目标的主要解决方案——氢能。我们可以通过太阳能驱动的电解器来生产氢气，并将其储存在大型储罐中，要么使用现有的基础设施（在确保其适合储存氢气的前提下），要么利用天然的地下空间。

如果能够找到合适的储存地点，例如阿拉瓦或廷纳矿区，我们就可以在这些地方建设氢储存系统。同时，我们需要建立管道基础设施，将氢气从储存地点输送到不同的用户端，以便消费者将其用于发电。经过适当改造，现有的天然气输配基础设施也可用于氢气运输。通过这种方式，我们可以在全国范围内建设小型生产设施，逐步实现真正的能源独立，确保即使在冬季也能依靠可再生能源持续供电。

实现大规模的氢储存是一项长期的工作，并且目前在技术、操作和规模化应用方面还有很多不确定性。因此，我们在氢储能领域还有许多需要进一步研究、开发和完善的技术和知识。目前电解水制氢不仅面临着成本较高的问题，同时也面临其他技术和经济挑战。尽管如此，绿氢生产领域的价格革命正在加速推进，一如太阳能电池板和储能技术领域的价格革命，因此整体趋势乐观。

但是，氢能并非实现季节性大规模储能的唯一可行方式。

抽水蓄能同样能提供大规模的储能解决方案。抽水蓄能先利用电力将水泵入高处的水库；当电力需求增加时，水因重力从高处流下，推动发电设备再次产生电力。

抽水蓄能技术目前在以色列的应用规模较小，主要集中在基利波和科哈夫哈亚登（Kochav HaYarden）等地。但是这些项目的储能能力有限，而且与产出相比，其建设成本相对较高。如果以更宏大的视角考虑，我们可以在埃拉特山脉这类地区建设大型水库。专门设计的太阳能发电项目可以在夏季利用多余的太阳能发电，将水泵入山顶水库；而在冬季太阳能发电不足时，则可释放储存在山顶水库中的水，利用水流驱动涡轮机发电。

此外，减少对大规模储能系统的依赖至关重要。只要引入多样化的电力结构，我们就能够避免过度依赖太阳能发电，从而大幅降低储能需求。正如我在前文所述，通过水电工程利用地形落差发电是一个具备重要潜力的方案。我们可以在地中海和死海之间挖掘一条隧道，利用海水从高处（地中海）流向低处（死海）的过程进行发电。如此一来，我们不仅可以实现全年稳定的电力供应，还能缓解近年来死海水位下降的问题，兼具能源生产和生态修复的双重效益。

风力发电场或许也是未来电力结构的一部分。目前，由于环保人士的反对以及陆地上适合风力发电的地点较少，以色列的风力发电在电力供应中的占比较小。然而，以色列可以考虑在地中海沿岸人口密集区附近建设大型海上风电项目，从而在一定程度上解决南部向中部输电的电网问题。增加风力发电场的好处在于，在夜间或阴雨天等没有日照的时候，风力仍然可能持续发电，从而提高电网的利用率，为太阳能发电提供有力补充。

地热能也有望在未来电力供应中发挥重要作用。随着这一领域新技术的不断成熟，地热能将能够提供24小时不间断的稳定电力，不受天气条件影响，成为风能和太阳能的强有力补充。

除了电力领域的能源转型，交通工具从使用传统化石燃料向电力驱动过渡的趋势正在加速推进，而且氢燃料货车也正逐步成为可行的选择。在交通运输领域，我们可以认为清洁能源转型已经逐步实现；在未来15年内，以色列的交通系统必将主要依赖锂电池和氢能。不仅如此，一旦氢能的生产、储存、运输和分配基础设施建成并普及，重工业也同样可以广泛采用氢能作为主要能源。

长期投资成本分析

就建设成本而言，当前装机容量为1兆瓦的太阳能发电设施，建设成本约为250万新谢克尔。这意味着装机容量为1吉瓦的太阳能发电设施，建设成本为25亿新谢克尔。因此，装机容量为45吉瓦的太阳能发电设施，总建设成本为1125亿新谢克尔，即大约1200亿新谢克尔。

就储能成本而言，锂离子电池储能的成本约为每兆瓦时120万新谢克尔。考虑到以色列需要200吉瓦时的储能需求，总成本将达到2400亿新谢克尔，即大约2500亿新谢克尔。

氢能储存的成本也需要纳入考量。目前储氢罐的成本约为每兆瓦时5万新谢克尔，即储存100吉瓦时的氢能需要约50亿新谢克尔。用于制氢的电解槽建设成本也不能忽略。一个电解槽的成本约为每兆瓦120万新谢克尔，即每吉瓦12亿新谢克尔，整体成本较为合理。基础设施和设备将额外增加几十亿新谢克尔的成本。此外，还需考虑与氢气生产、储存和运输相关的基础设施建设成本，预计将需要数百亿新谢克尔的额外投入。

通过将现有发电设施转换为氢能驱动，我们可以进一步节约成本。例如，达利亚燃气发电站和多拉德能源公司等电厂可以将其燃气轮机改造为氢能驱动设备。这种改造方案比新建氢能发电设施的成本要低得多。

如果我们将类似红海—死海输水工程的项目纳入计划，整体成本也不会过高。如前文所述，开凿一条从阿什克伦延伸至内盖夫，再从内盖夫通往死海的隧道，估算成本约为30亿美元，全部资金由开发商承担，而不是由国家财政拨款。根据这一预算范围，我们可以大致推算出类似项目的成本。

此外，我们还需要考虑电网升级的成本，以确保新能源的接入能力，同时能够将南部和北部的电力大规模输送至以色列中部地区。预计这部分成本约为300亿新谢克尔。

因此，以色列实现100%可再生能源供电的总成本，保守估计在4000亿~5000亿新谢克尔，甚至可能更低。如果将这些成本分摊至未来几十年，以色列应该可以在经济上从容应对，不会构成重大负担。

交通领域本身正处于持续更新换代的过程中，因此其转型成本预计不会太高。消费者未来或将不再购买传统的高污染车辆，而是逐步选择清洁能源汽车。同样，随着氢能基础设施的逐步完善，工业领域的转型成本也不会显著增加。

不仅如此，这些项目将带来显著的成本节约。目前，我们每年在电力系统的支出约250亿新谢克尔，其中约150亿用于燃料和私人发电厂的运营。随着全球能源需求的增长及化石燃料资源的逐渐减少，燃料价格预计会随着时间不断上涨。

所以从长远来看，经过大约30年的燃料成本节约，我们完全有可能覆盖前期建设成本。此后，我们将可以获得经济实惠的清洁电力，摆脱对外部能源的依赖。

释放天然气的潜力

对于基础设施项目来说，30年内实现投资回报的预估是保守且合理的。但必须强调，我们的计算没有考虑两个关键因素，因而这一估算数值相对保守。

第一个因素是能源结构。我们只假设了依赖单一太阳能发电的情况，而太阳能发电受制于每天和每年的日照时间和日照条件。但随着风能发电的引入，可能还包括水电和地热能，储能需求将会显著减少，从而使得整体成本下降。

第二个因素是天然气。转向100%可再生能源后，以色列天然气储备将能够用于出口，市场价值潜力极为可观。接下来让我们探讨相关数据。

以色列领海内发现的天然气储量约为1000亿立方米。这些天然气的市场价值是多少？为了估算这个数值，我们需要先将其转换为英国热力单位（BTU）。英国热力单位是一个基本的热力单位。例如，融化0.5千克冰需要143个英国热力单位。天然气的价格通常以百万英热单位来衡量。

每亿立方米的天然气大约相当于36.9个百万英热单位。以色列的天然气售价低于5美元/百万英热单位，一些生产商的购买价格甚至低于4美元。那么，欧洲市场的天然气售价是多少呢？在俄乌战争之前，欧洲的天然气价格为6~9美元/百万英热单位，价格差约为2~5美元。而在2022年年底能源危机期间，欧洲的天然气价格飙升至30~40美元/百万英热单位，以至于以色列和欧洲的天然气价格出现了35美元/百万英热单位的巨大差距。

上述价格指的是每百万英热单位的价格。如果将以色列所有天然气储备出口至欧洲，收益要如何计算？很简单，每1美元的价格差可为以色列带来约369亿美元的额外收入。按照谢辛斯基（Sheshinski）委员会提出的新税法[1]，以色列预计可从天然气收入中获得约50%的税收。这意味着天然气价格每提高1美元，国家将获得约180亿美元的额外税收。

---

[1] 指2010年由以色列政府委任的以坦·谢辛斯基教授领导的委员会提出的能源税收改革方案，旨在确保国家从天然气和石油开采中获取更多收益。2011年，以色列议会正式通过了这项改革。

如果我们能够在当前能源需求高峰期将所有天然气储备出售给欧洲，以现行价格计算，以色列天然气在欧洲市场的总价值将达到惊人的1.26万亿美元——其中一半收入将直接流入国库。

我们可以从以上数据得出两个结论：第一，修建连接以色列与欧洲的天然气管道，是必要且合理的构想，尽管预计建设成本高达70亿美元；第二，向可再生能源转型，可以带来巨大的经济优势。如果我们能够释放国内天然气的潜力并将其出口至欧洲市场，那么天然气出口的收入就可以轻松覆盖前期向可再生能源过渡的各种成本，甚至还有可观的盈余。

这也凸显了以色列在当下把握转型时机的重要性。如果我们等到50年后才准备好出口天然气，届时可能已失去市场需求，甚至不再有买家。这场能源转型不仅仅是以色列单独面临的挑战，其他国家也在加速向可再生能源转型，形成全球性的竞争局面。因此，制胜的关键在于相对速度。加速向可再生能源过渡，不仅能确保国内能源安全，还能利用天然气这一过渡性燃料，在市场需求尚未完全消退时出口创收，从而获得巨大的经济收益。

* * *

未来充满希望。我们可以走在街头，呼吸清新的空气，享受实惠且可靠的电力供应，并依托具有成本效益的清洁能源，推动经济快速增长。以色列可以成为全球能源转型的先锋，利用太阳能迈向绿色未来，从而向世界证明，摆脱对化石燃料的依赖是一个切实且有利的目标。但要实现这个愿景，我们必须坚定不移地朝这一方向迈进，全力以赴推动绿色转型。这一选择就掌握在我们手中。

第16章　全球能源转型竞争：
以色列如何赢得未来

截至本书撰写之时，全球人口已突破80亿大关。曾提出末日审判式预言的马尔萨斯如果看到这个数字，可能会感到震惊又难以置信。在马尔萨斯生活的时代，全球人口尚不足10亿，他肯定无法想象地球能够承载如今8倍于其所知的人口数量，且人们的生活条件比以往任何时候都更加优越。

人类能够取得今天的成就，主要归功于科技的创新和人类的创造力。我们成功地利用煤炭、石油和天然气等化石燃料获取能源，为工业和现代社会提供了巨大的推动力，促使人类文明取得了前所未有的发展。尽管化石燃料为人类带来了诸多福祉，但这些资源是有限的，人类不可能予取予求。

与马尔萨斯等人曾提出的悲观末日预言不同，人类完全可以通过依靠比化石燃料更加先进的能源来继续推动社会进步。我们正处于一个历史性的转折点，见证并参与一场席卷全球的能源革命——可再生能源革命。

10多年前，我创立了诺法尔能源公司，因为当时我察觉到可再生能源领域蕴藏的巨大潜力，尤其是在成本快速下降的背景下，太阳能终于具备了与传统能源竞争的能力。多年来，我有幸参与了多场变革——从双重用途理念的革新到储能革命，而电动汽车、氢能及智能电网的变革，很快也会接踵而至。这些技术创新将共同塑造一个崭新、高效、清洁、经济的能源世界。

以色列如今站在一个关键的十字路口上。它可以选择成为这一领域的先驱，抑或被动追随他人的步伐。

那么，以色列可以凭借哪些独特优势，成为可再生能源领域的"引领者"？以色列拥有高度集中的智慧和卓越的人才储备。在水资源管理、以网络安全和金融科技为代表的高科技、微型卫星、无人机等领域，以色列早已走在全球前列。这个小国已在多个领域成为全球强者，具备引领新型能源革命的潜力。

诚然，以色列也面临着独特的挑战和局限性，但这些局限性反而为其提供了成为全球技术领导者的动力。例如，长期的水资源短缺推动了以色列开发出滴灌系统和大规模海水淡化等节水和高效用水技术。由于地缘环境的复杂性，以色列在无人机、卫星和网络安全领域形成了以效率和创新为核心的思维方式，从而在这些关键领域有效弥合了技术不对称的差距。

以色列是一个能源孤岛，国内的电网没有与任何邻国相连，因此无法享受其他国家享有的能源安全与供需平衡。在没有外部电网提供支持的情况下，以色列安装太阳能和风能等可再生能源的难度更大。雪上加霜的是，以色列其实没有太多可依赖的可再生能源资源，几乎只有单一的太阳能，这无疑进一步增加了供需平衡的难度。

这一独特的挑战和局限性，赋予了以色列引领能源变革并成为全球技术创新试验场的潜力。以色列启动的能源革命具有广泛的可复制性，尤其是电网与邻国互联互通的国家。

不过，以色列的确拥有得天独厚的地理优势——它处于阳光充足的地区，可以充分利用丰富的太阳能资源来满足国内的能源需求。以色列在过去已经充分利用了这一地理优势。例如，以色列曾率先推动太阳能热水器革命，以色列科学家也曾率先提出太阳能发电解决方案。以色列有能力继续在全球能源革命中发挥重要作用，成为这一领域的关键参与者和推动者。

尽管以色列拥有晴朗的天空和充足的阳光，但这片光明之下也有阴云笼罩。以色列的法规和法律程序极为烦琐，成为创新和发展的羁绊。试图在以色列开展业务的企业家往往感到自己仿佛陷入流沙，步履维艰。他们在不同的委员会和政府部门之间来回奔走，面对冗长的审批程序，这样的官僚主义壁垒，远比其他发达国家更为复杂和耗时。

当诺法尔能源公司把业务扩展到全球时，我们深刻感受到了以色列官僚体制的沉重负担，与欧美相对高效的行政流程形成了鲜明对比。在以色列创业的过程中，尽管我始终保持乐观，坚持不懈，抱着"为什么不"的创业精神，但多少次面对政府的复杂程序，我几乎动摇了继续在以色列经营的决心，甚至考虑将业务完全转移到国外。许多其他企业家也因此被迫做出选择——有的因政府部门的阻碍而关停，有的则将企业迁往海外。

然而，以色列的官僚程序并非不可改变。以色列的文化特质并无任何理由要求繁复的政府机构相互设置障碍，阻碍企业家和创新者的步伐。我们完全有能力，也必须推动改革，打造一个更具包容性和开放性的商业环境，而且不仅仅局限在能源领域。

* * *

全球能源领域正处于供需博弈的激烈竞赛中。全球经济增长带来了日益增加的能源需求。电动汽车和数据中心等新兴能源消耗群体，正在给电网带来日益沉重的负担。尽管能源供应方在竭力填补这一缺口，但如果继续依赖传统能源，能源供应将受到限制，并伴随着严重的经济和政治代价。可再生能源正是这一问题的解决之道。

一旦收回了大规模建设可再生能源设施的初始建设成

本，后续的电力生产几乎不需要额外的燃料开支。因此，尽早大规模开发可再生能源，我们就能以近乎为零的边际成本应对不断扩大的需求。

未来10年内，全球能源价格的分化将愈发显著。以挪威为例，北部地区依靠水电和风能资源，电价远低于南部，差距甚至达到10倍之多。这种现象将会逐步在全球范围内蔓延。这意味着率先拥抱可再生能源的国家，将享受经济实惠的电力成本，免受通货膨胀的冲击，并为消费者提供更多的可支配收入。

以色列发现的天然气储备为我们赢得了宝贵的缓冲期，使我们能够从容布局，避免了2022年欧洲经历的能源风暴——当时天然气价格飙升10倍。试想，如果以色列家庭的电费不是每月400新谢克尔，而是骤然攀升至每月4000新谢克尔，这就是许多国家未来或将面临的严峻现实。

然而，当前以色列依赖本国天然气的做法却潜藏着深刻的矛盾。虽然高昂的天然气价格为国家带来丰厚的税收和特许权使用费，但是能源成本也加重了消费者的负担。反之，较低的天然气价格虽然能够减轻消费者的压力，却减少了国家的财政收入。向可再生能源转型，是解决这一困局的途径。通过释放更大规模的天然气潜力并打开出口市场，以色列就可以打破这个两难局面了。

可再生能源无疑是未来最值得的投资。适时大规模投资清洁能源，能够让以色列在即将到来的全球能源竞赛中赢得先机。届时，那些拥有更多可再生能源储备的国家，将能在供需博弈中掌握决定性的优势。

以色列应当把这场能源革命置于国家战略的核心。我们应当志存高远，勇敢迈向绿色、可再生能源的未来。如果能够行动迅速并抢占先机，以色列不仅能够率先享受清洁、低成本能源的红利，还能为全球其他国家照亮能源转型的前进道路。未来的方向就掌握在我们自己手中。

附录1　交流电与直流电

作者：萨吉·桑德勒（Sagi Sandler），诺法尔能源公司工程与技术副总裁

尽管电流之战最终以交流电的压倒性胜利告终，但在现代社会的许多应用场景中，直流电实际上比交流电更具优势。

基本定义

交流电是指电流的大小和方向都随时间发生周期性变化的电流，通常用正弦波来描述其变化规律。这是目前以色列乃至全球电网广泛使用的电流类型。

直流电是指电流方向和大小恒定不变的电流。我们日常使用的电池产生的电流属于直流电。

区别

交流电和直流电之间的主要区别是什么？

正如上文所述，交流电的电流会随着时间按照正弦函数

曲线周期性变化。正弦波有一个确定的幅值，代表交流电电流在波动时所能达到的"最高"瞬时值。但是，交流电的有效值要比瞬时最大值低，这意味着其实际整体有效值小于波动所达到的瞬时峰值。以色列及大多数国家使用的交流电频率为50赫兹，即电流每秒完成50个周期的变化。

相对而言，直流电会保持恒定的电流值和方向。该电流数值是有效值，即工作时产生的电流。

在传统的发电方式中，使用旋转电机产生电流需要一个标准的旋转电机，这些发电机在转子（旋转部分）和定子（固定部分）中的线圈/磁铁结构方面略有不同。

现代的可再生能源系统通常使用直流发电机，例如太阳能电池板和风力涡轮机。直流电通过电子转换器（逆变器）转换为交流电，以便接入常规电网。

直流电是否更安全

人们常常认为直流电比交流电更安全，这种观点可能源于爱迪生当年对交流电的宣传攻势。但事实并非如此。在触电或发生其他电气故障时，交流电每秒有100次瞬间回到零值，而直流电始终保持恒定值。因此，当发生电弧——电流通过某些绝缘介质（例如空气）所产生的瞬间火花——等故障时，直流电更难中断。

电流在工业中的适用性：磁场的产生

交流电和直流电的差异还在于一些独特的物理特性。例如，交流电因电流方向的不断变化而产生磁场，这是交流电的一个固有特性。利用这一点，就可以很方便地通过变压器调节电流值，或通过简单的线圈产生旋转磁场来驱动电机。

直流电产生磁场的过程则复杂得多。为了产生旋转磁场，直流电机必须使用机械组件来确保电流在每一时刻流经不同的线圈。该机械组件由电刷和集电器组成，电刷通过与集电器的接触传递电流。集电器由一组相互绝缘的连接装置构成，能够使电流在不同线圈之间切换，从而形成旋转磁场。与交流电自然产生磁场的方式相比，这种机械组件更加复杂且易损。不过随着技术进步，直流电产生磁场的可靠性已有显著提升。

电流转换

如前所述，交流电的显著优势之一在于其电流转换的便捷性。那么，是否可以通过某种方式增大直流电的电流？答案是可以，但这个过程非常复杂，并且会伴随较大的能量损失。

交流电的转换过程中，可以使用变压器这样的无源器件来改变电压或电流。使用变压器时，能量损失主要分为两部分，即铁损耗（磁性损耗）和铜损耗（通过线圈传递电流产生的热量）。通过增加线圈数量或使用更优质的磁性材料，这些能量损失可以有效减少。相比之下，直流电的转换则需要依赖复杂的电子电路，包括线圈、电容器和开关（通常是电子晶体管）。这些元件比普通变压器更加易损，可靠性也相对较低。此外，直流电的能量损失更难控制。每个硅控整流器（作为电子控制开关的半导体）都会产生不同程度的损耗。即使我们尽量在电流为零的瞬间进行开关操作，但电流切换过程中，仍然会不可避免地出现能量损失。

即使技术不断改进且转换效率有所提高，电流转换过程仍然存在一些无法消除的理论性限制。这些转换器实际上是电力转换领域中常见的降压和升压转换器的升级版本。

除了设备成本和效率，在进行高电压测试时还必须考虑测试本身的可行性。如前所述，电流会产生电场。交流电的电场方向不断变化，而直流电的电场方向是恒定的，这可能对绝缘材料造成不可逆的损害。因此在直流电条件下，通常会避免使用高电压进行测试。直流电的测试通常在低电压下进行，目前越来越多的测试都采用极低频率的交流电来代替传统的直流测试。

将交流电转换为直流电相对简单，通常使用二极管桥和电容器。将直流电转换为交流电则复杂得多，需要依赖线圈、电容器和电子开关来生成接近正弦波的电流，这个过程会造成显著的能量损耗。

直流电的现代应用

由于交流电传统上的广泛使用，目前，直流电的应用相对有限，主要见于电池供电的设备。在连接电网的电器中，通常通过电源装置将电网提供的交流电转换为直流电，从而为设备正常运行提供电力支持。如前所述，太阳能电池板通过逆变器将直流电转换为交流电。将直流设备直接与直流电源连接，可以避免这类双重转换。因此，计算机控制的灌溉系统或户外照明设备可以设计成直接使用太阳能电池板和电池提供的直流电，从而省去将电流转化为交流电的过程。

虽然交流电在许多方面具有显著的优势，但它也存在一些缺点。正是这些缺点，为直流电开辟了特定的应用场景。

交流电的一个主要缺点在于电缆长度的限制。由于交流电是以波形形式传输的，电缆的长度不能超过电流的波长，否则会导致能量损失和信号衰减，进而降低传输效率。因此，超长距离的电力传输通常会采用直流电。例如，跨国或跨大陆的长距离输电电缆，通常使用直流技术。直流电到达目的地后，为了与当地电网的交流电系统兼容，必须通过大型变压器将直流电转换为与电网同步的交流电，从而确保电能稳定地接入现有电网。

第二个缺点是趋肤效应，即当导体传输交流电时，电流趋向集中在导体的外缘，而非中心部分。这导致传输电流时，导体的整体截面积未被充分利用。即便增大电缆的直径，电流的承载能力也不会相应提高，因而导体材料的使用效率大打折扣。如今，即使有些电缆被设计成管状，但电流依然主要沿着外缘传输。因此，对于硬件资源有限的大型项目，我们通常更倾向选择能够在相同尺寸的电缆中传输更多能量的直流电。

总而言之，直流电既适用于小型封闭系统，也适合需要大功率传输的场景（而且我们能够充分利用电缆的全部截面积）。此外，当输电线路较长时，交流电可能会因能量损耗和波长限制而产生问题，这时直流电是更优的选择（例如在超长距离输电线路中）。这些直流电缆通常用于国家之间的电力传输，或作为国内特定用途的高效输电线路。

附录2　可再生能源：从监管到市场模式

作者：努里特·加尔博士，高级能源顾问、以色列电力局前电力监管副总裁

背景

为了筹备2020年在巴黎举办的气候雄心峰会，以色列承诺到2030年前实现可再生能源在全国电力结构中占比达17%的目标。以色列的可再生能源发电量在2023年首次突破10%的门槛。

目前，以色列实现该目标的主要可再生能源是太阳能，而风能和沼气等其他能源的利用则相对有限。为了实现国家目标，以色列需要建设约17000兆瓦的太阳能发电设施，其规模与现有燃气和燃煤电厂的总发电能力相当。

要实现这一目标，以色列面临四大关键挑战：

1.分配适合建设太阳能发电设施的区域：政府政策要求这些设施优先建设在可实现双重用途理念的区域，如屋顶、水库或农业用地。

2.电网连接：不仅需要大规模扩展电网，还需对现有电网进行调整，以确保充分利用电网并保障太阳能发电设施的

顺利接入。

3.根据需求平衡发电：通过储能设施的应用，可以将发电时间与电力需求曲线相匹配，优化供需平衡。

4.建立经济激励制度，鼓励建设电力设施，同时避免给电力消费者带来过高的成本。

过去10年中，政府在推动可再生能源发展方面取得了显著进展。早期阶段以国家集中化政策为主，通过提供大量保障措施和个性化控制机制来支持开发商。如今，政府逐渐转向更市场化的机制，让开发商融入市场体系，增加其风险承担，并减少个性化控制。

早期阶段

以色列推动太阳能发展的首个举措是为每单位发电量（千瓦时）设定固定电价费率，以确保投资者能够获得合理回报并收回建设成本。费率根据太阳能发电设施的规模进行调整，以反映大型太阳能电站相较于小型屋顶设备的规模效益。

为了确定电价费率，以色列电力管理局评估了建设太阳能发电设施的成本、每年预计的发电量，以及太阳能发电设施的预计使用寿命。费率的设定目标是确保太阳能发电设施所有者能够获得合理回报并收回安装成本。

固定电价费率机制有效地保护了电力生产商免受市场需求波动和价格波动的影响，从而简化了太阳能发电设施的融资流程。

然而，管理局在确定电价费率的过程中经常与开发商产生摩擦。为了控制消费者的额外成本支出，管理局设定了发电配额和时限，一旦超出这些限制，费率将会被调整。这一机制导致开发商多次提起诉讼，他们主张价格下调前确定的费率是适用的，并试图证明管理局预测的下调价格未能准确反映实际建设成本。

旧有的许可制度

2010年左右，在以色列，生产能力超过50千瓦的发电设施必须获得许可证才能推进建设。为了获得许可证，生产商需要证明其合法拥有建设用地的使用权，以及具备将设施接入电网的财务能力和可行性。

这一许可制度的特点在于对可再生能源项目的进展进行个性化监督。满足初步要求的开发商会获得临时许可证，其中规定了项目必须按计划达成的各个关键里程碑。开发商还需提供担保，确保其遵守许可的各项条款，如果未能按时完成进度，许可证可能被撤销。

根据这一许可制度，监管部门在早期阶段能够有效跟踪可再生能源项目的进展。通过这种方式，能源部和电力管理局能够掌握以色列境内项目的整体规模，并监督这些项目是否按计划实现建设目标。

许可制度还为开发商提供了确定性。拥有临时许可证的开发商可以确信，一旦他们达到了许可证规定的建设条件和里程碑，他们就有权享受当时政府为支持可再生能源设施建设所设定的电价费率。

虽然许可制度有一些好处，但问题也逐渐显现出来：过度的监管妨碍了开发商的项目进展。例如，许可制度没有根据项目的不同规模进行区分，无论是容量为0.5兆瓦的屋顶设备还是接入超高压电网的大型太阳能发电场，生产商都必须证明自己符合条件，并由电力管理局全体会议和能源部长审批通过。

此外，如果生产商需更新设施位置、调整规模或更换设备，就必须重新走整个审批流程并获得新的许可证。这意味着原本为了保护开发商的制度，却限制了他们在探索替代方案和应对新发展时的灵活性。

竞争性程序的引入

由于许可制度受到广泛批评，以及开发商与监管机构在电价费率问题上的持续摩擦，以色列政府在2016年引入了一种全新的方法，即通过竞争性程序，由开发商自行确定费率，同时取消了太阳能发电设施建设许可证的要求。

这一新办法由时任电力管理局主席艾萨夫·艾拉特博士提出。根据新办法，有意建设太阳能发电设施的开发商需要提交一份报价单，内容包括计划建设的太阳能发电设施总装机容量及其想要收取的单位电价费率。

电力管理局根据生产商提交的电价费率对报价单进行排序，并依据一份预先编制但未公布的内部评估，决定哪些提案被接受，哪些被拒绝。所有中标生产商的费率将以第一份被拒绝的报价为标准。例如，如果最终接受的最高报价为0.2新谢克尔/千瓦时，而第一份被拒绝的报价为0.21新谢克尔/千瓦时，那么所有中标开发商都将获得0.21新谢克尔/千瓦时的费率。

竞争性程序的设计，旨在鼓励开发商提交反映实际建设成本的报价。出价过低的生产商将难以收回建设成本，而出价过高的则会面临提案被拒的风险。

中标开发商有权联系以色列电力公司，并为中标提案规定的装机容量申请电网连接。同时，开发商需要提供建设保证金，以确保太阳能发电设施能够在竞争程序文件设定的日期之前完成建设。

这一办法不仅降低了可再生能源设施的额外成本，还将大量风险转移给了开发商，同时最大限度地减少了原许可流程带来的严格监管。首先，为了进入竞争性程序的中标名单，开发商提交的报价通常只反映了有限的投资回报，甚至有时只能预测设备价格会在实际采购时下降。其次，取消许可证让开发商可以灵活探索多种设施选项，并着手建设那些能够接入电网并且已经获得建设许可的项目。这种灵活性赋予开发商承担更多风险的能力，同时通过保证金确保其能够完成承诺的发电配额。

这种办法的转变推动了10余次成功的竞争性招标，开发商获得了建设总装机容量超过3000兆瓦的太阳能发电设施的许可。此外，该方法还促成了针对屋顶设施和水库的专项招标，进一步促进了这类可再生能源设施的建设。

以市场为导向的新模式

尽管竞争性招标模式取得了显著成果，但随着2022年的临近，监管机构认识到有必要对这一办法进行调整，并将可再生能源设施更有效地融入电力市场。

首先，开发商之间日益激烈的竞争，导致竞争性投标的价格大幅下降，甚至令人质疑开发商是否有能力顺利完成项目建设。这种价格下滑是因为开发商在提交较低报价时，基于设备价格在未来可能下降的预期。然而，设备价格的实际下降速度有时未能如预期般迅速，导致开发商在项目执行过程中面临更高的成本压力。

其次，这一办法造成开发商高度依赖电力管理局组织的竞标程序。未中标的开发商不得不等待下一轮招标，才能获得申请电网接入并启动项目建设的机会。

再次，为发电设施提供固定电价费率的做法，未能激励开发商投资储能技术，也未促使他们根据市场需求调整发电时间，以更好地响应电力系统的实际需要。

最后，随着以色列企业在全球市场中的扩展，它们开始寻求从可再生能源企业采购全部电力的可能性，以满足客户或其欧美母公司对碳减排的要求。然而，将电力以固定费率全部出售给电力系统运营商的模式，阻碍了这些企业与可再生能源生产商之间签订直接购电协议。

此外，随着电力行业改革的推进，相关监管机构决定在电力供应环节引入竞争，允许未建设发电厂的电力供应商进入市场运营。电力管理局希望鼓励这些供应商通过直接交易，为其客户采购电力。

因此，时任电力管理局代理主席的约阿夫·卡萨沃伊制定了接入配电网设施的市场模式。根据该模式，电力供应商可以按照电力管理局设定的电价费率体系，从电力系统运营商采购为其客户提供的全部电力。同时，供应商也有权直接从接入电网的生产或储能设施中采购电力。

根据这一办法，开发商可以建设太阳能发电设施并与电力供应商签订协议，将电力出售给消费者。这意味着，尽管发电设施不享有固定电价费率的保障，但开发商可以通过供应商支付的电力采购费用获得收入。供应商愿意支付的金额主要取决于同时从电力系统运营商采购电力的替代成本。因此在用电高峰期，较高的电力成本促使供应商优先选择配备储能系统的发电设施，以便在需求高峰时将存储的电力输送至电网。

这一新模式已经开始初步实施，预计到2024年将全面推行。随着市场模式的逐步推进，预计开发商将会对这一转变表现出浓厚的兴趣。

市场模式的实施，标志着风险从消费者全面转移到开发商。起初，开发商享有政府承诺的投资回报，完全不受需求变化或市场价格波动的影响。随着向市场模式的过渡，开发商开始面临在特定时段需求不足及电价波动的风险。这些风险预计将在未来几年推动对冲机制的建立。虽然对冲机制可以降低风险，但也可能在一定程度上减少开发商的投资回报。

总之，可再生能源设施的经济激励机制在过去10年发生了重大变革，从一个高度控制、无风险的模式，转向开发商需要承担市场风险的市场模式。这种变化表明，市场已经准备好了应对这些风险，并且具备了自主运行的能力。

致　谢

　　如果没有诺法尔能源公司，本文或许无法最终成书。在
撰写过程中，诺法尔能源公司的命运曾多次处于岌岌可危的
境地。我想借由一个故事来开始我的致谢。当电力分销商终
于开始取得进展并与各个基布兹展开谈判时，绍瓦尔基布兹
的业务经理齐基·莱文（Tziki Levine）提出希望"与诺法
尔能源公司的律师会面"。当时诺法尔能源公司并没有专职
律师，但我有幸得到了在ERM律师事务所工作的朋友吉拉
德·毛兹（Gilad Maoz）的支持，他慷慨地提供了会议室（感
谢！）。齐基如约而至，显然，正式且高规格的会议室环境
让他心情放松。会议结束后，由于齐基的车停得较远而外面

正下着倾盆大雨，于是他询问我是否能顺路送他一程。当我开着那辆老旧的标致307前来接他时，我从他打开车门瞬间的表情中察觉到，他应该突然意识到：诺法尔能源公司在这个阶段还没有建立起完整的基础设施，实际上还只是一家由单人运营的公司。他稍作沉思，犹豫了一会后做出了决定。他用一句话表达了对我和诺法尔能源公司的信任与支持："以色列亿万富豪诺奇·丹科内（Nochi Dankner）当年创业时的资本，恐怕还不及你现在拥有的多呢！"说完，他坐进了车里。

感谢诺伊基金的合作伙伴们——你们在诺法尔能源公司的早期阶段便洞察它的潜力，并给予了坚定的支持。感谢皮尼·科恩（Pini Cohen）、兰·舍拉赫（Ran Shelach）、吉拉德·博什维茨（Gilad Boshwitz）、德罗尔·德维尔（Dror Dvir）、伊丹·贝诺什（Idan Benosh）和诺伊·多尔（Noy Dor），你们始终是卓越的合作伙伴。

特别感谢诺法尔能源公司的管理团队。

感谢纳达夫·特内（Nadav Tene）——是你在阿兹列里集团（Azrieli Group）旗下超级气体（Supergas）公司担任业务发展经理时，将我引入了这个行业。我钦佩你正直的工作方式，你是当之无愧的"行业王子"。很庆幸有你加入诺法尔能源公司，成为我们的CEO与合伙人。有人说诺法尔能源公司是一家"头顶星空、脚踏实地"的公司，为了让我能够专注于实现"头顶星空"的梦想，你承担了"脚踏实地"的责任，确保我提出的每一个计划都能够顺利推进，没有出现掉链子的情况。

感谢诺姆·费舍尔（Noam Fisher）——在我决定走上独立创业之路时，你加入了加多特集团（Gadot Group），后来又成为诺法尔能源公司的首席财务官。在公司的发展过程中，你承担着管理公司现金流的关键职责。你始终以从容、优雅的态度应对压力，帮助我们集中精力推动公司发展。诺法尔能源公司以从不拖延支付供应商款项而广受好评。

感谢沙查尔·格尔松（Shachar Gershon）——你在诺法尔能源公司刚刚起步时就离开了英志公司（Enlight），与我并肩携手致力于推动公司的业务发展。我们共同经历了许多难忘的商业瞬间，这些故事至今尚未完全道出。

过去10年，我在个人层面经历了一些艰难的岁月。我的妻子、我女儿希拉的母亲塔尔·拉奥尔（Tal Laor）被诊断出癌症，经过漫长而艰苦的斗争后，她最终离世。作为抚养幼女的单亲父亲，我同时还要建设一家日益壮大的公司，这种挑战之艰难，难以言喻。没有公司管理团队的支持和付出，我不可能走到今天。

感谢诺法尔能源公司的工程与技术副总裁萨吉·桑德

勒——从Energix公司离开后，你就加入了诺法尔能源公司，将公司的专业水准提升到前所未有的高度。虽然你曾经考虑离开诺法尔能源公司的快节奏环境，去开设自己的独立事务所，但正如我所说的，如果没有你的领导和参与，以色列就不会拥有今天的浮动系统和储能设施。

感谢楚尔·兰斯（Tzur Lance）、古斯塔沃·里奇曼（Gustavo Richman）、阿亚娜·韦克斯勒（Ayana Wexler）、奥费·欧弗兰德（Ofer Overlander）、阿维·费什（Avi Fish）、奥拉·基隆诺夫斯基（Ola Kilonowski）、盖·德沃林（Guy Dvorin）和法比（Fabi）——你们这些近年来加入诺法尔能源公司的新一代力量，正将公司带向全新的高度。

感谢诺法尔能源公司的每一位员工——你们每天迎接清晨，辛勤工作，全力以赴。你们的努力让这家真正改变以色列乃至世界的公司不断前行。

感谢诺法尔能源公司在以色列的合作伙伴和客户——如果没有你们在短时间内大刀阔斧地实施其理念的能力，诺法尔能源公司将无法成功推动变革。

感谢诺法尔能源公司的海外合作伙伴——你们教会了我很多宝贵的经验，我很自豪能与你们建立合作关系。

感谢艾萨夫·艾拉特、努里特·加尔和约阿夫·卡萨沃伊——你们是以色列电力管理局的黄金一代，推动了可再生能源领域的跨越式进步。

感谢以色列电力公司的全体工作人员——作为我们的合作伙伴，你们以非凡的创造力和坚韧的决心克服了无数挑战，尤其是格尔肖恩·伯科维茨、哈吉特·罗森伯格（Hagit Rosenberg）、赫茨尔·弗里德曼（Herzl Friedman）和埃坦·沙拉比（Eitan Sharabi）。

感谢我的父母——你们见证了这段旅程的每一步，目睹了其中许多挑战和阻碍。

感谢我亲爱的女儿希拉——当你即将降生时，我萌发了进入可再生能源领域的念头。运用自己的才华为未来世代留下一个更美好的世界，还有什么比这个事业更美好？

感谢希拉·阿什纳（Shira Ashner）——或许你未曾想到，你在开始与我共事时，还需要在繁忙的日程中协助我完成这本书的创作。

感谢萨拉·梅尔出版（Sella Meir Publishing）团队，德维尔·施瓦茨（Dvir Schwartz），以及本书的英文编辑希勒尔·格尔舒尼（Hillel Gershuni）——你是真正的学者。虽然出版公司曾推荐其他编辑，但你对可再生能源的不同观点让我坚定地选择了你。我想，如果这本书能够在某些方面说服你，那它一定能说服更多的读者。